飞天的故事

刘登锐 田如森 编著

中国宇航出版社
·北京·

目 录

广袤苍穹，深邃莫测，是人类自古以来向往的地方，因此不断演绎出一幕幕飞天探秘的传奇故事。

从1961年4月第一艘飞船把第一位航天员送出地球摇篮去太空遨游，到2011年12月第30长期考察组3名航天员进入国际空间站长期生活，世界上已发射载人飞船和航天飞机287次，载有515人1160多人次到茫茫太空自主飞行或到空间站上活动。其中，中国有3次6名航天员乘坐本国研制的飞船踏上了飞天之路。人类打开了天庭之门，创造着一个个飞天奇迹。

飞天，中华民族的千年梦想实现了。2012年6月，中国又发射了神舟9号飞船，载3名航天员到中国人自己正在建设的太空家园生活。

中国人的太空家园

2011年9月29日，中国用长征2号FT1运载火箭（图1）将天宫一号目标飞行器发射升空（图2）。9分钟后天宫一号进入近地点200千米、远地点347千米、轨道倾角42.75度、周期90分钟的运行轨道。天宫一号是未来空间站的雏形，天宫就是中国人正在建设的太空家园。

天宫一号（图3）这个初建的太空之家，最大直径3.35米，重8.5吨，可为航天员提供15立方米的活动空间，能容纳3人短期工作和生活。

天宫一号分为实验舱和资源舱。实验舱是控制舱，也是航天员的工作和生活舱。舱内配套设施有环境控制与生命保障系统，以及航天员生活所需的各种设备，包括两个专用睡眠区、太空锻炼器材和医学实验设备、照明和空气供给系统、可视电话通信设备，还有服装鞋袜、睡袋、航天食品、诊疗箱等。资源舱是设备舱，包括发动机和电源装置，为轨道控制提供动力，为飞行提供能源。舱外安装有一副太阳能电池板，为轨道控制与姿态控制提供电力。舱内的电源系统担负向运行平台、生命保障系统及应用系统设备供电的任务。资源舱还装有中继天线，可以通过天链一号中继卫星向地面发回信号，从而架起天地之间联系的桥梁。

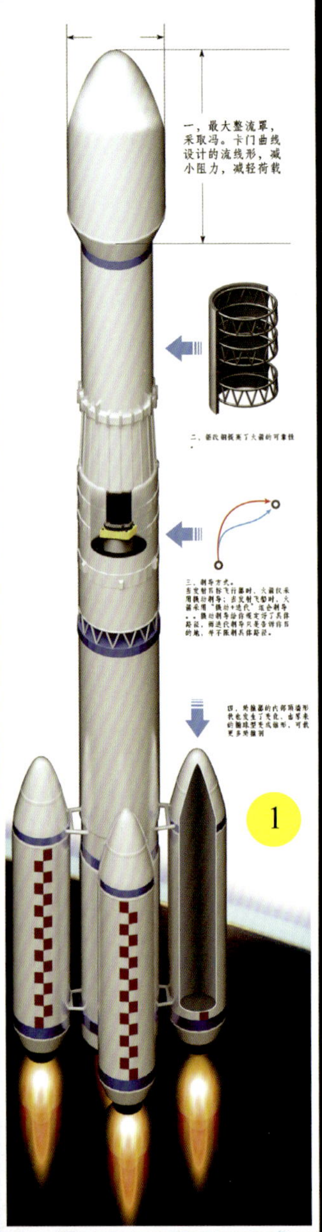

1

2

3

4

这个太空之家必须有神舟飞船载人运物到太空去交会对接，形成最初的天上街市，才能正式住人，开始天上人间的生活。

2011年11月1日，神舟8号无人飞船从酒泉卫星发射中心发射升空，11月3日与在轨运行541圈的天宫一号成功实现对接，组成一个轨道组合体（图4）。这个初建的太空之家靠北京航天飞行控制中心、地面测控站、海上远望号测量船、天链一号中继卫星组成的载人航天测控通信网控制，在太空轨道上安全运行。神舟8号飞船在完成与天宫一号交会对接之后，于11月7日在内蒙古四子王旗主着陆场着陆。这次两个航天器空间交会对接的成功，为载人到太空之家生活奠定了坚实基础。

5

2012年6月16日，神舟9号飞船搭载景海鹏、刘旺、刘洋等3名航天员到在轨运行的天宫一号上，实现有人控制的空间交会对接。此后，2013年，还将有神舟10号飞船载人到天宫一号上开展一系列空间科学实验。

今后，预计中国还有20次左右的载人航天飞行活动，2016年左右建立空间实验室，2020年前后建成载人空间站（图5）。中国的空间站，将是一个由多个航天器组成的大型轨道组合体。

按预期设计，中国空间站将由1个20吨级核心舱和2个20吨级实验舱组成，总发射重量超过60吨。核心舱长近20米，最大直径4米左右，分为节点舱、生活控制舱和资源舱，是航天员的主要活动场所，同时也是空间站的管理控制中心。核心舱的节点舱段拥有5个对接口，资源舱段尾部还有1个对接口，用于对接货运飞船。两个实验舱是开展空间实验的主要场所，供航天员临时在里面生活。

到2020年，中国人将拥有自己长期有人照料的太空家园。

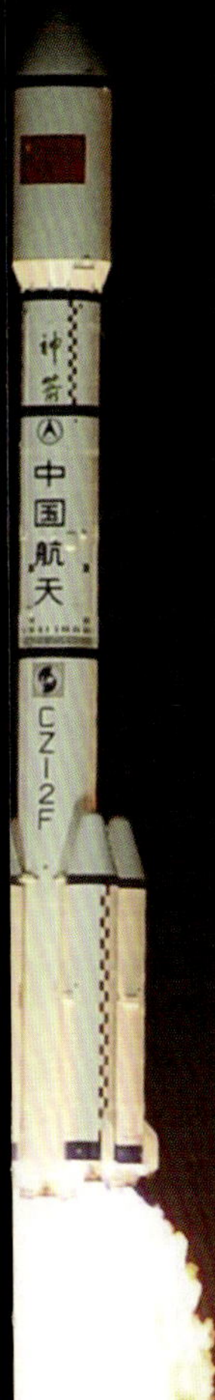

6

7

8

太空中的中国访客

自古以来，中国人就一直在探索太空奥秘，期望能一飞冲天，直达苍穹，拓展人类的活动空间。

中国神舟飞船已经有3次载人到太空探访飞行，打开了中国人飞天之路。

第一次，一人一天的太空之行

2003年10月15日上午9时，在中国西部的酒泉卫星发射中心，随着长征2号F火箭的呼啸升空（图6），神舟5号载人飞船载着中国第一名航天员杨利伟顺利进入太空，浩瀚无垠的太空迎来了首位中国访客。这标志着继苏联/俄罗斯和美国之后，中国成为第三个能够独立开展载人航天活动的国家。

神舟5号载人飞船由推进舱、返回舱、轨道舱和附加段组成，具备乘载3名航天员的能力，具有在轨自主应急返回、人工控制等功能。经过21小时的在轨飞行，在绕地球飞行14圈后，神舟5号载人飞船返回舱载着“航天英雄”杨利伟于16日凌晨重返地球，顺利降落在内蒙古中部地区的预定着陆场，轨道舱继续留在近地轨道上进行科学实验。

运送神舟5号进入太空的是长征2号F运载火箭（图7）。这种火箭是在长征2号E运载火箭基础上开发出来的，以发射飞船为主要任务，1992年开始研制，1999年首次发射成功。火箭起飞质量479.8吨，能够将8.8吨至9.2吨的有效载荷送入近地轨道。这种火箭是中国火箭家族中最重、最长的火箭，也是中国航天史上技术最复杂，可靠性、安全性指标最高的火箭。为了适应载人飞行的要求，长征2号F火箭许多重要部件采用了冗余设计，增加特有的故障检测处理系统和逃逸救生系统。冗余设计就是为控制系统和关键设备增加了备份，万一主系统出现故障，可以迅速切换到备份系统，保证火箭正常工作；故障检测系统可以在火箭待发射阶段和发射上升阶段自动进行故障检测，一旦发现问题即会自动报警；逃逸系统是在运载火箭起飞前900秒到起飞后160秒时间段内，万一火箭发生故障，即可启动逃逸塔，逃逸塔携带神舟飞船脱离运载火箭到达安全地区，利用飞船返回舱的设备让航天员安全返回地面。

首次进入太空的中国航天员杨利伟曾经是一级飞行员，安全飞行1350小时。1996年，他参加航天员初选入围，成为中国首批航天员之一；在神舟5号载人飞船发射准备阶段，经专家组无记名投票，和翟志刚、聂海胜一起入选“3人首飞梯队”（图8，9，10），并被确定为首席人选。

作为中国第一位进入太空的航天员，杨利伟真实地体验到了太空中的工作和生活环境，特别是超重和失重的感觉，以及不同于地球的太空饮食、太空睡眠。在飞船绕地球飞行的过程中，杨利伟通过圆形舷窗向外观测，他说：“我看到地球的景色非常美丽，经过北极附近的时候，看到白雪皑皑非常漂亮，另外就是看到飞船帆板非常的漂亮，我就用照相机照下来了，但是我没有看到我们的长城。”在飞船上，杨利伟还做了一些自选动作，比如把他在进入太空后写下的第一句话展示给大家看：为了全人类的和平与进步，中国人来到太空了。

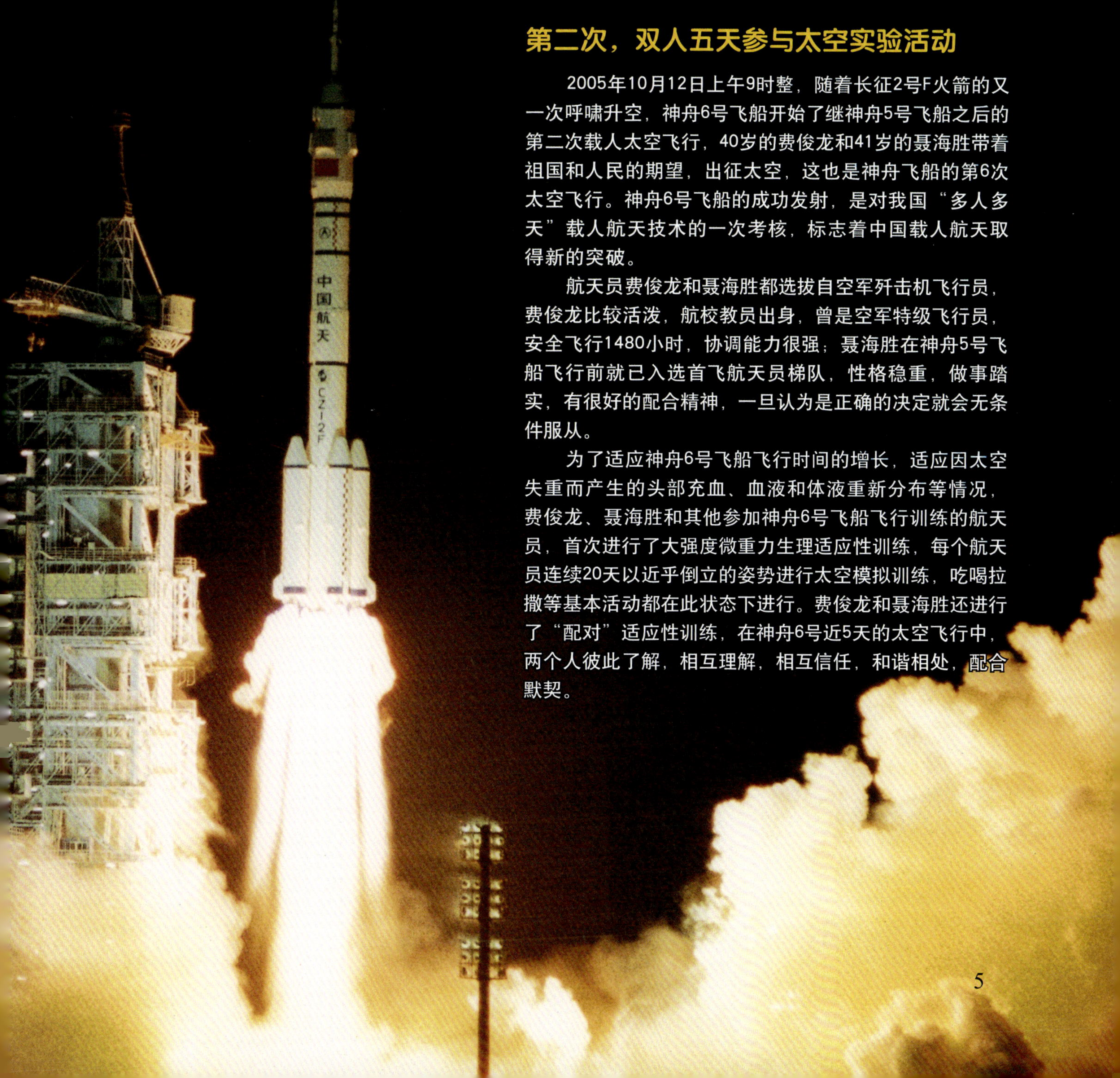

第二次，双人五天参与太空实验活动

2005年10月12日上午9时整，随着长征2号F火箭的又一次呼啸升空，神舟6号飞船开始了继神舟5号飞船之后的第二次载人太空飞行，40岁的费俊龙和41岁的聂海胜带着祖国和人民的期望，出征太空，这也是神舟飞船的第6次太空飞行。神舟6号飞船的成功发射，是对我国“多人多天”载人航天技术的一次考核，标志着中国载人航天取得新的突破。

航天员费俊龙和聂海胜都选拔自空军歼击机飞行员，费俊龙比较活泼，航校教员出身，曾是空军特级飞行员，安全飞行1480小时，协调能力很强；聂海胜在神舟5号飞船飞行前就已入选首飞航天员梯队，性格稳重，做事踏实，有很好的配合精神，一旦认为是正确的决定就会无条件服从。

为了适应神舟6号飞船飞行时间的增长，适应因太空失重而产生的头部充血、血液和体液重新分布等情况，费俊龙、聂海胜和其他参加神舟6号飞船飞行训练的航天员，首次进行了大强度微重力生理适应性训练，每个航天员连续20天以近乎倒立的姿势进行太空模拟训练，吃喝拉撒等基本活动都在此状态下进行。费俊龙和聂海胜还进行了“配对”适应性训练，在神舟6号近5天的太空飞行中，两个人彼此了解，相互理解，相互信任，和谐相处，配合默契。

神舟6号飞船仍为推进舱、返回舱、轨道舱的三舱结构，整船外形和结构与神舟5号飞船基本相同，重量仍然保持在8吨左右。由于此次飞行没有交会对接任务，神舟6号飞船取消了用于交会对接的附加段。神舟6号飞船入轨后先是在近地点200千米、远地点350千米的椭圆轨道上运行5圈，然后变轨到距地面343千米的圆形轨道，绕地球飞行一圈需要90分钟，轨道特性与神舟5号飞船相同（图11）。

神舟5号飞船在飞行过程中，航天员杨利伟只使用了飞船的返回舱，这个舱既是驾驶室又是工作室，吃饭和睡觉也都在里面。神舟6号飞船为多人多天飞行，费俊龙和聂海胜（图12，13）两位航天员首次轮换进入轨道舱工作和生活。根据两人多天飞行任务的需要，对神舟6号飞船上的环境控制和生命保障系统以及飞船的轨道舱作了较大改进。

人类要想脱离地球探索外层空间，必须设法创造一个人类可以在太空生存的小环境。太空舱内的环境控制与生命保障系统，不但是载人航天器上最具载人特色的一个重要系统，而且直接关系到航天员的身体健康、工作效率和生命安全。相对神舟5号飞船来说，神舟6号飞船上的环境控制和生命保障系统更加成熟和可靠。

神舟飞船的轨道舱是一个圆柱体，总长度为2.8米，最大直径2.25米，一端与返回舱相通，另一端与空间对接机构连接。神舟6号飞船两名航天员除了升空和返回时要进入返回舱以外，其他时间都在轨道舱里。轨道舱集工作、吃饭、睡觉、盥洗和方便等诸多功能于一体。

神舟6号飞船共携带了50千克左右的氧气，不仅可以满足两名航天员多天的需要，还可在应急状态时使用。万一飞船在返回时落在海上，返回舱内还有一套应急系统可以产生供航天员使用24小时的氧气，确保航天员不会缺氧。

神舟6号飞船放置了足量的航天员消耗品，包括食品、水、睡袋等。食品柜置于轨道舱中，按照每人每天一个半暖壶的用水量，通过水箱和单独的软包装两种方式准备了航天员用水。轨道舱中挂有一个睡袋，供两名航天员轮流休息使用。失重状态下人其实可以浮在空中睡觉，但考虑到人在地面养成的习惯，所以通过睡袋人为地制造一种“床”的感觉，否则航天员睡觉时可能会产生坠入万丈深渊的错觉。

神舟6号飞船轨道舱舱内温度主要依靠专用空调进行控制。空调的工作情况，根据航天员的活动量、飞船受太阳照射程度的变化而自动进行调整。即便是在飞船返回时，飞船外表因与大气的剧烈摩擦而达到数千摄氏度，返回舱内仍保持在25摄氏度左右。

相比于温度的控制，对湿度的控制要困难得多。在太空中每名航天员每天通过呼吸、排汗等正常代谢，大约产生1.8千克左右的水汽。在失重环境下，这些水汽悬浮在空气中，如果不尽快回收，不仅让航天员难以忍受，而且可能使电气设备受潮引起短路。神舟6号飞船利用水的毛细现象，采用一种吸附孔隔膜，通过施加一定的压力让空气通过，水就被吸附下来。将这种隔膜应用于空气循环系统之中，就可以将空气中的水汽有效过滤，确保飞船湿度控制在80%以下。

两名航天员除了升空和返回时要进入返回舱以外，其他时间都在轨道舱里。从返回舱进入轨道舱，必须通过一道直径为0.6米的舱门。神舟5号飞船首飞时，该舱门处于关闭状态，神舟6号飞船飞行过程中，航天员要打开舱门，使两舱联通。如果舱门技术不过关或密封性不好，就会出现打不开舱门、关不上舱门或舱门漏气的险情。特别是当航天员返回地面时，两舱要实施分离，万一舱门发生问题，空气泄漏，后果将不堪设想。神舟6号飞船科研人员研制成功了舱门密闭快速自动检测装置，并花费数月时间研制出一种专用抹布，这种布不产生纤维、静电、异味，专门用来清洁舱门。

航天员在太空中的大小便采用了大小便收集系统。航天员使用时，该系统通过吸气，将排泄物收集起来，液体和固体分别保存处理。为了防止大小便产生的气味，塑料软管在与人体接触时，可以起到很好的密封作用，同时，该系统还使用了活性炭作为除臭吸附剂。

神舟6号飞船航天员在升空、返回和遇到紧急情况时，必须穿上10千克重的舱内航天服，但在飞船进入轨道运行阶段后，由于轨道舱提供了近似于地面的生存环境，航天员在轨道舱里可以脱掉舱内航天服，穿着一般工作服工作。

第三次，载人到太空进行出舱活动

2008年9月25日21时10分，在酒泉卫星发射中心的载人航天发射场，载有3名航天员翟志刚、刘伯明、景海鹏的神舟7号飞船，由长征2号F运载火箭发射升空，578秒后，火箭将飞船送入近地点200千米、远地点350千米高的地球轨道。神舟7号飞船发射取得圆满成功，开始环绕地球飞行。

聂海胜

费俊龙

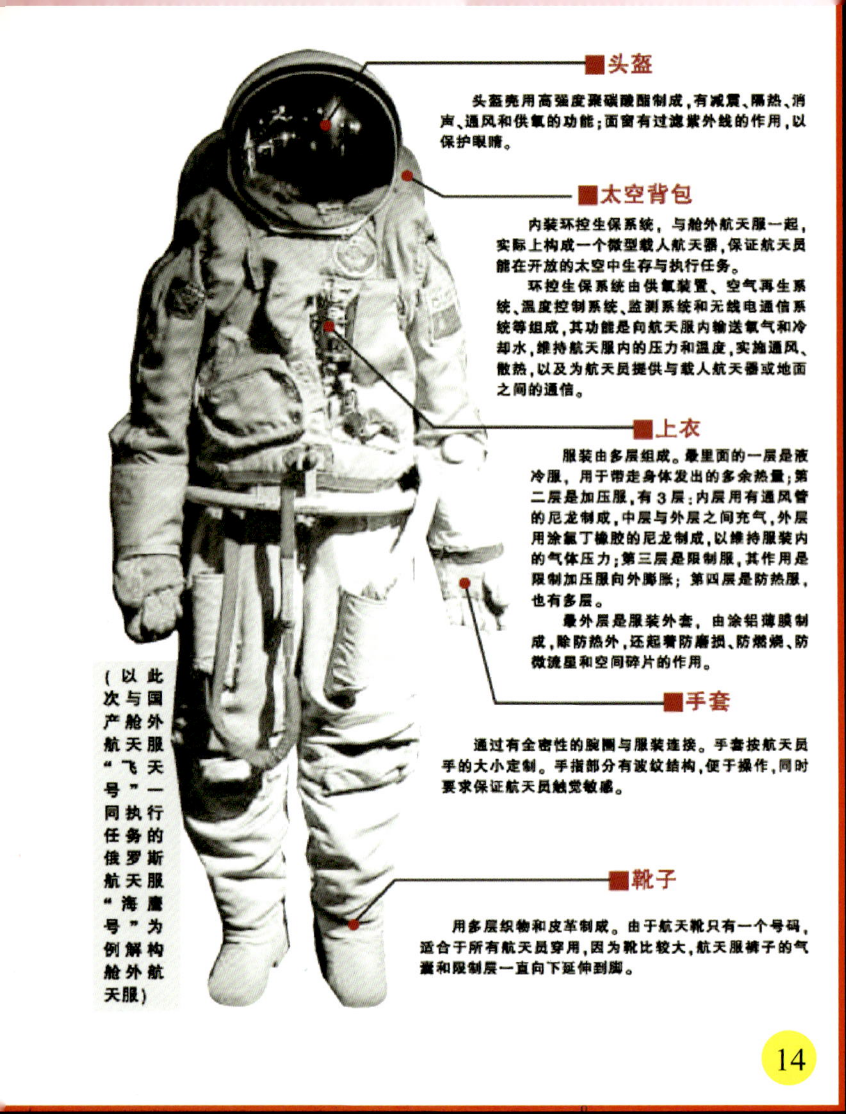

（以此次与国产舱外航天服“飞天号”一同执行任务的俄罗斯航天服“海鹰号”为例解构舱外航天服）

这是神舟飞船第三次载人到太空飞行。翟志刚、刘伯明和景海鹏原来都是空军歼击机飞行员，1998年1月一同被选为中国首批航天员。翟志刚曾入选前两次航天飞行乘组梯队，这次飞行中担任指令长；刘伯明入选过第二次载人航天飞行乘组梯队；景海鹏是首次入选航天飞行乘组。他们进入太空后，于9月26日4时启动变轨程序，飞船由椭圆轨道进入343千米高的圆轨道。9时，翟志刚和刘伯明开始对轨道舱状态进行检查，并对舱外航天服进行组装、测试和在轨训练；景海鹏则在返回舱内对飞船进行监测，并与北京航天飞行控制中心保持联系，使飞船正常运行。这次舱内活动持续了10多个小时。翟志刚穿着“飞天”舱外航天服（图14），刘伯明穿着“海鹰”舱外航天服，作了100分钟的移动训练和模拟操作，对舱外活动进行了一次预演，完成了出舱活动的准备工作。

翟志刚和刘伯明相互帮助穿好舱外航天服，并向地面报告：“神舟7号报告，准备工作顺利完成，可以执行出舱任务。”9月27日16时41分，在轨道舱向太空放气排压、给舱外航天服加压、航天员吸氧排氮后，翟志刚用一只手固定身体，另一只手拉开舱门，然后探出身子，固定好安全带，漂入茫茫太空，扶着舱壁上的扶手进行太空行走。16时49分，翟志刚接过轨道舱内刘伯明递出的一面国旗，这是一面由研制试验人员手绣的五星红旗，他挥动着这面国旗向地球问好，向祖国致敬（图15）。人们从电视直播中看到了这一幕壮观动人的情景。然后，翟志

刚又移到轨道舱的一角，取下放置在舱外壁上进行暴露试验的固体润滑材料。翟志刚结束舱外活动，向敞开的太空挥手告别，在刘伯明的接应下，返回轨道舱。他在舱外活动只有19分钟，但却“走”过了9165千米的路程。翟志刚和刘伯明脱掉舱外航天服，最后回到返回舱中与值守舱内的景海鹏会合，完成了中国航天员的首次太空行走。

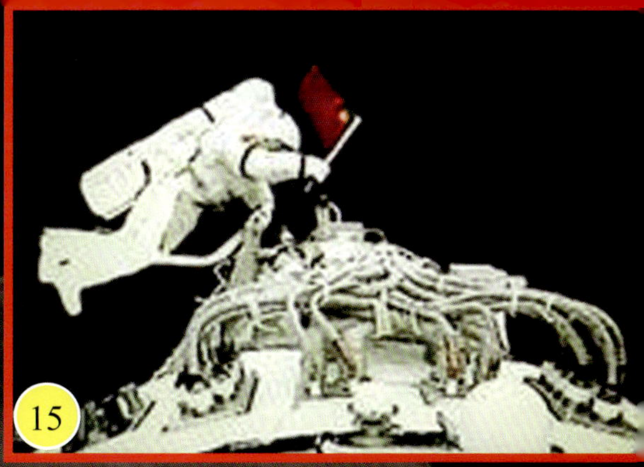
15

9月27日19时24分，神舟7号飞船飞行到第31圈时，航天员成功地向太空释放1颗伴飞小卫星。他们目送这颗微小卫星慢慢漂离飞船，星上摄像机对飞船进行了摄像和拍照，并把存储的图片通过测控网传回地面，让人们看到了神舟7号飞船在太空飞翔的全貌。9月28日16时49分，神舟7号飞船接到地面指令，踏上返航之路。17时37分，飞船在内蒙古四子王旗的主着陆场成功着陆。18时23分，翟志刚、刘伯明、景海鹏3名航天员走出返回舱（图16），胜利完成了一次具有里程碑意义的太空飞行。

16

第四次，在空间实验室进行科学实验

2012年6月16日，长征二号F火箭托举着神舟9号飞船进行入太空，航天员景海鹏、刘旺、刘洋组成神九飞行乘组（图17），执行中国首次载人交会对接任务。这是中国第四次载人航天飞行。

此次神九飞行乘组采取“新老搭配、男女配合”的方式，三名航天员各有分工。景海鹏作为本次任务的指令长，在整个乘组中发挥核心作用，刘旺的主要任务是手控交会对接操作，中国首位女航天员刘洋主要负责空间科学实验。

神舟9号飞行任务是中国载人航天的又一次重要跨跃，实现了四个“第一”：第一次实施手控交会对接，航天员第一次进入天宫驻留，女航天员第一次加入乘组，第一次进行十多天的载人飞行。

17

18

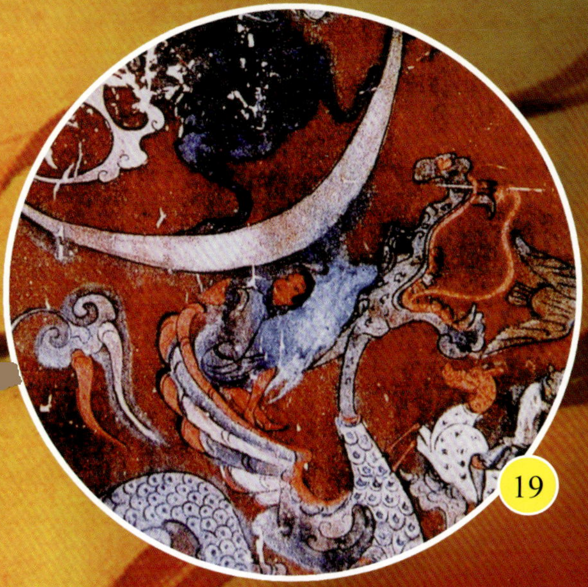

19

中国人的飞天梦想

很久以来，我们的祖先就对神秘的宇宙充满探知的欲望，飞向太空也是中国人自古以来就有的梦想。“嫦娥奔月”的传说，中国敦煌壁画描绘的“仕女飞天”（图18）图景，就是这种梦想的反映。嫦娥是月神的名字，也是中国古代美女的象征，历代文学艺术作品中都有关于嫦娥奔月的描写。相传嫦娥是后羿之妻，后羿从西王母那里得到不死之药，嫦娥偷吃后，遂奔月宫。西王母为了惩罚她，在嫦娥到达月宫后，将其变成了不会说话和又脏又丑的蟾蜍。这个神话故事流传很早，长沙马王堆汉墓中出土的帛画中，就有“嫦娥奔月”的形象图案（图19）。

20

中国：火箭的故乡

火箭是将人和航天器如卫星、飞船、航天飞机、空间站送往太空的运载工具。中国可以说是火箭的故乡。

火药是中国古代四大发明之一。起初，火药在中国只是被当作燃烧物，后来，人们发现火药燃烧时能产生大量气体，封闭在筒状物里的火药燃烧时能产生推力，于是就用火药作“推进剂”制造出了火箭。根据历史记载，中国产生喷气推进火箭的年代，应该不会迟于公元12世纪，也就是说，距今已有800余年。

中国古代有一种叫“一窝蜂”（图20）的军用火箭，这种火箭是在木制的桶状发射器里，安放32支绑有火药筒的箭矢，火药筒由总药线连在一起。作战时，将它埋在地下，点燃总药线，箭矢就会如蜂群一样飞出去，杀伤敌人。

中国古代历史上曾制造出许多种火箭（图21，22），如弓射火拓榴箭、火弩流星箭、刀飞箭、飞枪箭、飞剑箭、神机箭、大筒火箭、小竹筒箭、鞭箭、火药鞭箭、单飞神火箭、火龙箭、双飞火龙箭、二虎追羊箭、五虎出穴箭、七筒箭、九龙箭、四十九飞矢箭、百矢弧箭、百虎齐奔箭、群豹横奔箭、长蛇破敌箭和群鹰逐兔箭等。对一些著名火箭，中国的史书还记载了制作和发射方法。

作为兵器的古代火箭，在宋、元、明代有过几百年的辉煌历史。在许多史书中，都记载有大量使用火箭的战例。公元1083年（宋神宗元丰六年），北宋军队抵抗西夏入侵时，一次就领用了25万支火箭。元世祖忽必烈曾两次远征日本，据史料记载，在战争中，他的部队就用过真正的火箭。抗倭名将戚继光在战争中也大量使用过火箭。据记载，戚继光军队的车营图及辎重图成方形，每边配备6辆火箭车，每车载火箭530支，每10支火箭用一根火绳

21

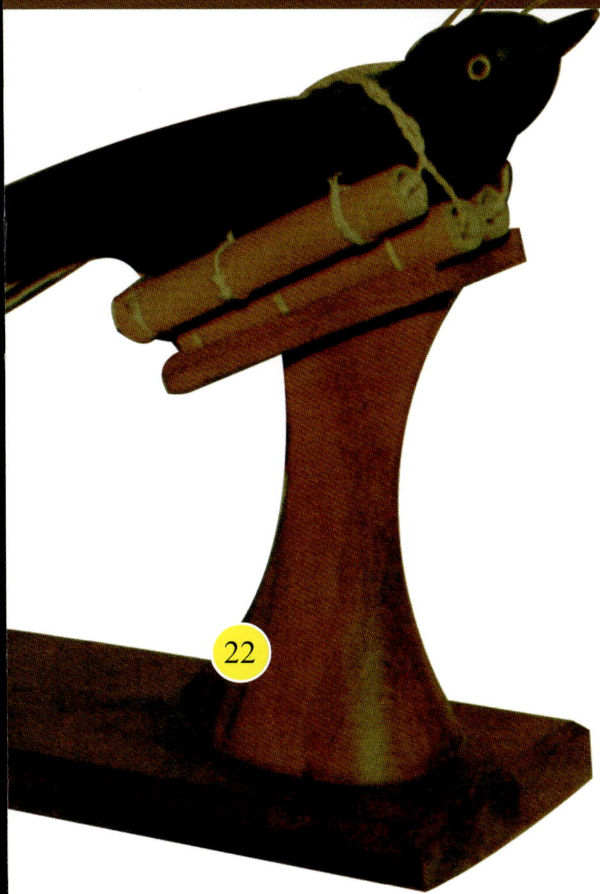

22

连在一起，可以齐射。也就是说，在戚继光的车营中，24辆战车上总共装有12720支火箭。

中国古代的火箭虽然结构简单，但在制造工艺上十分讲究，因为只有这样，才能解决火箭的安全贮存、运输、防潮等问题，同时避免炸伤自己人。另外，中国的火箭已具备现代火箭的基本结构，即箭头、箭体（箭杆）、动力系统（火药筒及引线）和控制系统（羽尾），有些火箭还具有现代反推火箭、飞航式火箭和二级火箭的影子。“火龙出水”（图23）就是一种串联的两级火箭，这种火箭专用于水战，竹筒制的龙内装有火箭，外面装有“起火”。战斗时，“起火”将龙身射至空中，同时引燃龙身内的火箭，于是火箭再次射出，飞向目标。由于这种火箭两次点火，因此说它有了现代两级火箭的影子。

23

万户飞天的历史壮举

“嫦娥奔月”的传说、敦煌壁画中的“仕女飞天”的图案，展现了中华民族对于太空的丰富想象力。但是，对于飞天的渴望，中国古代人不仅仅停留在想象中，也表现在大胆的行动中。

相传在14世纪，中国明代一位叫万户的工匠，就进行了人类历史上第一次借助火箭推力升空飞行的实验。万户让人把自己捆在座椅上，双手各持一面大风筝，椅子背后安装了47支当时最大的火箭。万户设想，火箭同时点燃后，火箭产生的推力和风筝提供的升力，将会使他飞上天空（图24）。万户是否离开了地面？他升到了什么样的高度？这些问题我们不得而知，但他的这次尝试，却被现代国际航天史学界公认为人类试图利用火箭升空的首次壮举。

为了纪念这位“飞天”的先驱者，在一次国际天文学联合会上，科学家将月球背面“东方海”附近的一座环形山命名为“万户山”，以此来纪念“第一个试图利用火箭作飞行的人”。月球背面的环形山多以世界著名的古今科学家和哲学家名字命名，900千米宽的月面盆地“东方海”是月球上最壮观的地貌之一。“万户山”高踞“东方海”边的山脊之上，仿佛一位壮志未酬的人，永久地凝视着深不可测的宇宙苍穹。

世界载人航天技术的成果，是建立在前人无数次的失败和不断的技术进步之上的。中国古代的科学技术以及古人进行的“飞天”活动，为世界航天历史的发展作出了重要贡献。

24

25

中国载人航天的脚步

中国的航天事业是从20世纪50年代中期开始起步的，当时我国物质技术基础十分薄弱，科学技术与工业水平相当落后，综合国力不强，又屡遭敌对势力的禁运、封锁。在这种情况下，钱学森等一大批爱国科学家冲破重重阻力，从海外归来，参加祖国的国防科技建设，并向中央提出了发展我国国防尖端技术的建议。根据毛泽东主席确立的积极防御战略思想，中央决定以自力更生为主研制原子弹和导弹，自行研制人造地球卫星。

1958年，毛泽东发出号召："我们也要搞人造卫星。"1960年，毛泽东在上海新技术展览会上参观展出的探空火箭（图25）时，仔细地阅读了产品说明，并询问火箭能飞多高。当讲解员说能飞8公里时，毛泽东意味深长地说：8公里那也了不起！他勉励大家：应该8公里、20公里、200公里地搞上去。周恩来总理、聂荣臻副总理直接领导了我国"两弹一星"的研制和发展。

邓小平同志1978年指出："现在要把力量集中到急用、实用的卫星上来。"1987年7月，邓小平在接见科学家时，对卫星专家闵桂荣说："人造卫星好。"1986年3月，邓小平倡导制定《高技术研究发展计划纲要》，将载人航天技术的预先研究工作列为重点发展项目。1991年2月，邓小平在上海航天技术研究院视察运载火箭总装厂时说：航天事业是体现我国综合国力的重要方面，感谢你们的工作。同时，邓小平还勉励科技人员和工人为发展航天事业作出新的贡献。

第三代领导人江泽民同志于1992年9月21日明确指出：要下决心搞载人航天。并对载人航天工程提出了"一丝不苟，分秒不差"的八字方针。1998年11月10日至11日，江泽民、李鹏、朱镕基等先后到北京航天城视察，观看了载人航天工程主要研制成果和神舟号试验飞船。同年11月23日，江泽民、胡锦涛等观看了神舟1号飞船返回舱，亲切接见了部分参加载人航天工程研制建设和发射试验的科技人员。2002年3月25日和12月30日，江泽民和李鹏先后在酒泉卫星发射中心观看了神舟3号和神舟4号飞船的发射实况。江泽民指出："我国的载人航天事业刚刚起步，虽然取得了很大的成绩，但今后还要搞空间实验室和长期有人照料的空间站，任重道远。"

2003年10月15日上午，神舟5号载人飞船发射取得成功后，中共中央总书记胡锦涛高度评价我国载人航天事业取得的成就及广大科技人员和解放军指战员的突出贡献。胡锦涛说："我国载人航天事业取得了举世瞩目的成就，谱写了中华民族自强不息的壮丽诗篇。这不仅是参与载人航天事业的全体同志的荣耀，更是我们伟大祖国的荣耀。"如今，长征2号F运载火箭已8次成功地将神舟飞船送入太空，1次成功地把天宫一号目标飞行器送入太空，并完成了太空交会对接任务。

2011年12月16日，胡锦涛总书记在庆祝天宫一号与神舟8号交会对接任务圆满成功大会（图26）上的讲话中指出："我国先后成功突破了载人天地往返、空间出舱活动、空间交会对接等一系列关键技

术，顺利实现了从无人飞行到载人飞行、从一人一天到多人多天、从舱内实验到出舱活动、从单船飞行到组合体稳定飞行等一次次重大跨越，使我国空间技术发展跨入国际先进行列。”中国将继续推进载人航天工程建设的步伐，继成功发射神舟9号飞船之后，还计划发射神舟10号飞船，与在轨飞行的天宫一号进行载人交会对接，到2020年实现空间站的载人飞行。中国载人航天的脚步不会停息，会不断地在太空留下光荣的足迹。

钱学森——中国航天科技的奠基人

钱学森（图27，28）是20世纪50年代回国的爱国科学家的杰出代表。他早年在美国留学，得到力学大师冯·卡门教授的指导，参加过美国火箭导弹技术的研究和教学工作，学术上达到了很高的水平。新中国成立后，钱学森冲破美国政府的重重阻挠，千方百计回到祖国。回国后，在党和国家领导人的支持下，他积极参与我国火箭和空间事业的规划和组建工作，并以他在空气动力、火箭发动机、制导控制、总体结构、材料工艺、计算机、质量控制和系统工程等领域的广博知识，为我国培养了一大批火箭和空间技术人才，在领导我国导弹、运载火箭和航天器的研制工作中，发挥了巨大作用，为中国导弹和航天技术的发展作出了重要贡献。

返回祖国前在洛杉矶码头

钱学森1911年12月11日生于上海，3岁时随父到北京。1935年8月，钱学森赴美国麻省理工学院学习，1936年10月转到加州理工学院，成为著名力学家冯·卡门的学生。

1948年，在祖国解放有望时，他就准备回国效力。新中国成立后，钱学森回国的愿望更加强烈了。为了遏制新中国，阻挠中国发展国防尖端技术，美国参议员麦卡锡操纵美国参议院调查委员会，罗织罪名，为钱学森归国设置种种障碍。钱学森在即将回国之际，被美国当局无理拘留软禁达5年之久。经过中国政府严正交涉，在周恩来总理周密安排下，钱学森终于在1955年10月回到祖国（图29，30）。

美国阻挠钱学森回国，其真正目的是看重他的学识，企图迫使他改变思想，留在美国，即使不成，也要使他所掌握的高新知识陈旧过时。

钱学森在当时的美国，已是力学界、应用数学界和火箭技术方面的权威学者。

钱学森从1939年6月完成《高速气动力学问题的研究》等4篇博士论文后，便在冯·卡门领导的火箭技术研究小组从事薄壳体稳定性的独立研究。其后，钱学森成为冯·卡门的助手，开始对

火箭发动机喷管扩散角对推力的影响、火箭发动机热力学特性和探空火箭的性能等问题进行计算和研究，是美国火箭技术的摇篮——加州理工学院古根海姆实验室最早的6名成员之一。

1942年，研究工作成绩突出的钱学森被聘为加州理工学院喷气技术训练班教员，在这个岗位上，他为美军培养了一批火箭导弹军官。1943年，钱学森与火箭专家马林纳合作，完成《远程火箭的评论与初步分析》的研究报告，为美国40年代的导弹和探空火箭研究奠定了理论基础。

20世纪40年代中期，航天技术正受到“声障”、“热障”的困扰。钱学森和冯·卡门通过理论研究和火箭飞机的试验，圆满地解决了“声障”、“热障”问题。被命名为“卡门—钱近似公式”的著名公式，成为空气动力计算上的权威公式。钱学森许多开创性的贡献，使他成为喷气推进实验室的负责人，并被公认为力学界、应用数学界和火箭技术方面的权威学者。

在美国政府监控期间，除教学外，钱学森仍未放弃学术研究，1953年发表了《从地球卫星轨道上起飞》，为低推力飞行力学奠定了基础，1954年，他又出版了《工程控制论》一书。1955年回国前，他向冯·卡门告别时，冯·卡门激动地说：“你现在在学术上已超过了我。”

30

1956年，在周恩来总理的鼓励下，回国后的钱学森怀着对新中国国防事业的强烈责任感，向国家提出了加强国防科技工业建设的建议，并参与了有关规划和计划的制定工作。在他的参与和组织下，1960年11月5日，我国发射成功第一枚仿制的导弹；1964年6月29日，第一枚自行设计的地地导弹飞行成功；1970年4月24日，我国第一颗人造地球卫星发射成功。

中国航天技术进入一个新的发展时期，钱学森全身心投入国防科学技术领导工作，继续参与组织实施我国导弹航天技术领域重大型号的研制和发射试验。洲际导弹的全程飞行试验、潜艇水下发射固体导弹试验和通信卫星的研制发射试验取得圆满成功，推动了运载火箭和各种应用卫星的研制发展。钱学森率先敲响载人航天的锣鼓，热情支持载人航天工程和月球探测工程的建设发展。2003年10月，在神舟5号载人飞船成功发射和回收后，已经92岁高龄的钱学森亲笔写下贺词：“热烈祝贺神舟五号发射成功，向新一代航天人致敬！”

2009年10月31日，钱学森逝世，享年98岁。但他一生为中国航天事业建树的丰功伟绩将永载史册，他开辟的中国飞天之路将继续延伸、发展……

向太空长征的运载火箭

1956年10月8日，中国第一个导弹研究机构——国防部第五研究院宣告成立，钱学森为第一任院长。为了集中技术力量从事导弹技术的研究，根据周恩来总理的决定，从全国各单位选调了30多位专家，加上100多名应届大学毕业生，组成了我国最初的导弹研究队伍。

1958～1960年，这支队伍不断壮大。他们从导弹的概念入手，边学习，边测绘苏联提供的导弹样品，边分析研究，很快掌握了初步的导弹技术。

1960年2月19日，由中科院上海机电设计院研制的中国第一枚火箭——T-7M探空火箭（图31）发射成功。T-7M探空火箭是由液体推进剂主火箭和固体推进剂助推器串联起来的两级无控火箭。当助推器工作完毕时，主火箭能在空中自动点火。在主火箭飞行到弹道顶点附近时，箭头与箭体分离，箭头与箭体分别用降落伞回收。尽管探空火箭结构简单，但却是新中国的航天人向祖国献上的第一枚真正的火箭。

T-7M探空火箭发射试验场位于上海远郊的东海之滨，人烟稀少，条

31

件艰苦，发射设施简陋：发电站用芦苇围成，指挥部设在废地堡里；没有通信工具，总指挥用手势或大声喊话下达命令。创业之初，中国航天人就靠着这种艰苦奋斗的精神，研制发射了第一代探空火箭。

从世界航天事业发展的历史来看，导弹是火箭技术发展的强大动力。第二次世界大战以来，导弹武器发展速度惊人。20世纪50年代，中国也作出了发展导弹武器的决定。

中国导弹事业的发展，是从仿制苏联导弹起步的。按照中苏两国政府于1957年签订的“国防新技术协定”，苏联承诺在导弹技术上给予我国帮助。我国首先仿制的是苏联P-2地地导弹，早期代号为“1059”，后称为东风1号。正当仿制进入关键时期，苏联单方面撕毁协议，撤走专家。苏联毁约，在一定程度上影响了中国导弹事业的发展，但却激发出我国导弹研制人员自力更生的精神。面对当时的形势，毛泽东说：“要下决心搞尖端技术。赫鲁晓夫不给我们尖端技术，极好！如果给了，这个账是很难还的。”苏联专家走后两个月，中国第一批仿制的，但却完全是自己制造的东风1号导弹出厂(图32)。

1960年11月5日，中国自己制造的第一枚近程地地导弹东风1号在酒泉导弹试验基地点火升空，几秒钟后转向正西方向，7分钟后弹头落在目标区内，试验获得圆满成功。

东风1号导弹全长17.7米，最大直径1.65米，起飞质量20.5吨，射程590千米。火箭发动机采用液氧和酒精作推进剂，推力为370千牛。

东风1号导弹的成功发射，使东风系列导弹的研制工作进入快速发展的阶段。1970年初，我国研制成功两级液体中远程导弹。这种导弹由两级组成，第二级要在近似真空状态下高空点火，而且两级之间既要牢固连接，又要可靠分离，再加上导弹细长，姿态控制难度很大。但这些关键技术问题，中国的导弹技术专家都很好地解决了，这就为研制洲际导弹打下了基础。

中国的长征系列运载火箭，是在洲际导弹基础上改制而成的。1980年5月18日，我国第一枚洲际射程的运载火箭从酒泉发射场起飞，经过30分钟飞行，准确地到达南太平洋预定海域，这标志着我国成为世界上第三个获得洲际射程运载火箭全程飞行试验成功的国家。

1970年4月24日21时35分，对中国人民来说，是一个历史性时刻。中国长征系列运载火箭的排头兵——长征1号运载火箭(图33)携带着中国第一颗人造地球卫星东方红1号，从酒泉发射场腾空而起，直奔东南方向的太空。10分钟后，卫星顺利进入轨道。

东方红1号卫星(图34)的顺利升空，拉开了中国航天事业的大幕。

长征1号运载火箭是一种串联式三级火箭，第一、二级使用液体火箭发动机，第三级使用固体火箭发动机，卫星被包容在整流罩中。火箭全长29.86米，起飞质量81.57吨，起飞推力1040千牛。

东方红1号卫星是进行科学探测的试验卫星，它的任务是为发展我国的各种应用卫星取得必要的数据。卫星轨道距离地球最近点为439千米，最远点为2384千米，轨道平面与地球赤道平面的夹角为68.5度，绕地球一周需114分钟。卫星上安装了发声设备，用20.009兆赫的频率播放《东方红》乐曲。卫星重173千克，超过苏联、美国、法国、日本四国第一枚运载火箭所运载卫星的总重量。由此可见，中国运载火箭腾飞伊始，就向世界显示了它的高起点，显示了它强大的生命力和竞争力。

小资料：

什么是整流罩？

整流罩位于运载火箭的顶部，在保持火箭气动外形的同时，给有效载荷——卫星披上坚固的铠甲。整流罩的外形尺寸是根据火箭的气动特性要求和装载卫星所需空间尺寸设计的。火箭升空前，整流罩在地面保护卫星，保证卫星对温度、湿度、洁净度的要求；火箭穿过大气层时，整流罩可以使卫星免受气动力和气动热影响以至损伤。整流罩用高强度、轻质、耐高温，且无线电透波性强的材料制成。运载火箭飞出大气层后，整流罩将沿箭体纵向分成两瓣并被抛开，完成它的使命。

什么是近地轨道？

通常把高度在500千米以下的卫星轨道称为低轨道，500～2000千米高的轨道称为中轨道。中、低轨道可合称为近地轨道。在近地轨道上，运行着国土普查、气象、资源、移动通信等各种用途的卫星，它们在人类生活中发挥着巨大的作用。

35

36

在“中华第一箭”长征1号运载火箭首次发射成功的同一年，我国开始研制直径3.35米的长征2号运载火箭。长征2号运载火箭是二级液体火箭，1975年11月，长征2号运载火箭成功地发射了返回式卫星。此后，根据发射卫星的需要，长征2号丙改进型、长征2号捆绑式以及长征2号丁运载火箭（图35）相继问世。在长征系列火箭中，长征2号系列火箭主要用于发射各类近地轨道卫星（图36）。

20世纪80年代后期，中国运载火箭开始挺进国际商业卫星发射市场。1987～1988年，长征2号丙运载火箭将搭载我国返回式卫星的法国、联邦德国的微重力试验装置送入太空。1993年4月，中美签订用中国火箭发射美国“铱”星的合同。“铱”星系统是美国摩托罗拉公司设计的一种全球移动通信系统，全系统改进后有66颗卫星。从1997年12月到1999年6月，中国的长征2号丙改进型火箭先后6次升空，为“铱”星系统组网、补网共发射了12颗卫星，圆满完成了合同中规定的任务。

长征2号捆绑式大推力火箭是在长征2号丙基础上改进的（图37）。火箭芯级的第一级周围对称捆绑4个液体火箭助推器，可以把9.2吨有效载荷送入200～400千米的近地轨道。长二捆火箭不仅采用了捆绑技术，而且还安装了大型的卫星整流罩，使得长征火箭的运载能力和有效载荷的尺寸上了一个台阶，为我国发射载人航天器打下了基础。

中国最大的长征3号乙运载火箭是在长三甲和长二捆（图38）基础上研制的，以长征3号甲为芯级，再捆绑4个与长二捆相同的液体助推器，就构成了长征3号乙这种新型的三级液体捆绑式运载火箭。长征3号乙运载火箭（图39）全长54.838米，地球同步转移轨道运载能力达到了5.1吨，主要用于发射地球静止轨道卫星，也可进行小型卫星的一箭多星发射，或发射其他轨道的卫星。无论是高度还是运载能力，长征3号乙运载火箭都跃入了世界大型火箭行列。

自1970年4月到2012年2月，中国已有4个系列的14种长征运载火箭，进行了158次发射，其中5种长征运载火箭还进入了国际卫星发射服务市场。40多年来，中国长征系列运载火箭（图40）成功发射了130多颗国产人造卫星，包括通信、气象、资源、导航、海洋、环境、遥感、科学试验等系列卫星，在世界航天史上写下了辉煌的一页。

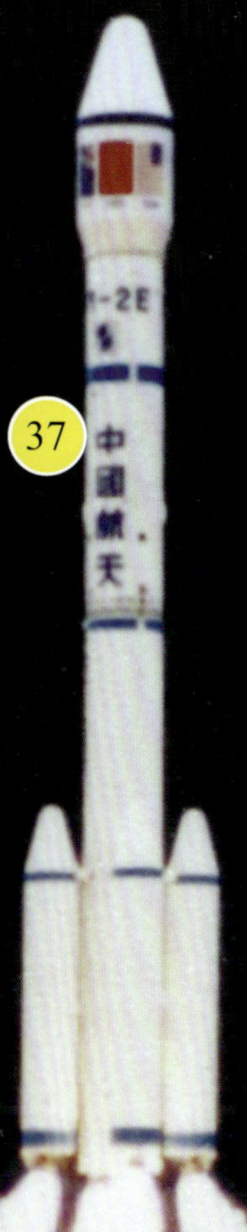
37

38

39

40

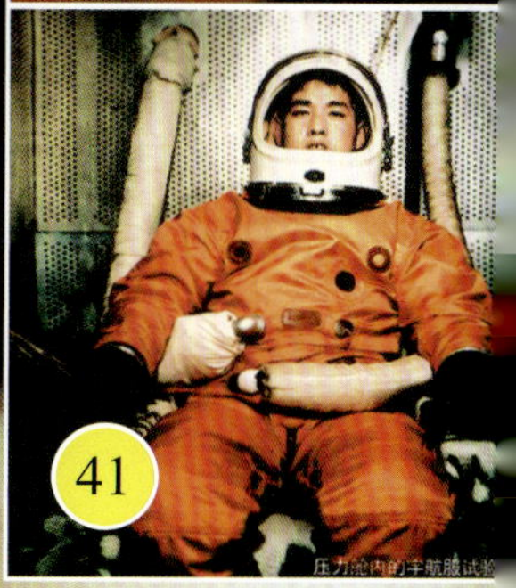
41

选训航天员，为载人飞天作准备

早在20世纪70年代初，中国就从1000多名飞行员中选拔了19名航天员，准备到太空遨游。20世纪末，中国载人航天提上日程，又从上千名飞行员中选拔了14名航天员。

航天员的选拔条件十分严格，要求很高，不仅考虑年龄、文化程度、飞行技术等基本条件，而且还要考虑候选人的体质、心理素质，对各种特殊环境因素有很强的耐受及适应能力，有广博的知识和灵活的操作能力，还要有献身精神，以适应航天探险活动。中国的航天员是从上千名现役歼击机飞行员中经过层层选拔挑选出来的，他们都具有近千小时的飞行时间，高超的飞行技术，大学本科以上学历，强健的身体，良好的心理素质和反应能力。我国航天员的选拔概率是100名参选的飞行员中，才能挑选出1名，是名副其实的百里挑一（图41）。

中国的航天员要在中国航天员科研训练中心接受培训，训练分基础训练、专业技能训练和任务综合训练。基础训练主要训练航天员的身体素质、低压缺氧能力以及模拟失重训练；专业技能训练包括飞船上设备操作、航天任务的操作和空间试验操作等；任务综合训练指参加飞行任务的大型训练和演练。

在培训基础理论的第一阶段，航天员要学习飞行动力学，空气动力学，地球物理学，气象学，天文学和宇宙航行学，以及火箭和飞船的设计原理、结构、导航控制，通信，设备检测，航天医学知识等。学习的要求远比大学的要求要高得多，也严格得多。

第二阶段是专业技能训练。航天员要熟悉飞船的结构、组成，飞船各系统的工作原理和模式。

第三阶段的综合训练以飞行程序和任务训练为主。航天员们要在与真实飞船相同的训练模拟器上按照航天飞行程序进行模拟飞行，从进入飞船到发射升空、轨道运行及返回、着陆，熟悉太空往返的全过程。在这个训练过程中，教练员还常常故意为航天员们设置各种突发性故障，以考验和提高他们的故障发现、判断和排除能力。

在中国航天员科研训练中心，有最快1分钟转24圈的转椅。这四面封闭，一张类似牙科治疗椅的转椅，不但可以做180度顺时针和逆时针的快速旋转，而且可以同时上下前后摆动。转椅主要用于检查航天员的前庭神经功能，以了解其对震动及眩晕的耐受能力。转椅一经启动就开始加速，最快时大约每2.5秒就要转一圈，那种眩晕的滋味非一般人所能承受。

电动秋千室主要用于适应空间运动和开展对空间运动病的研究。在高达数10米钢架的护卫下，一貌似汽车的屋式秋千被4条钢臂凌空提起。电动秋千荡起时，前后能甩出15米。空间运动病和晕车、晕船症状非常相似，在飞船一进入轨道后就会发生，持续2天至4天后症状自动消失。此病是载人航天事业的一大难题。

冲击塔室有一座约4层楼高的绿色铁塔，特制的装置几秒钟就能从4层楼高的冲击塔顶直落而下，模拟出飞船返回地球时的冲击环境，该装置用于加强航天员的抗冲击耐力训练，以及研究返回着陆时的防护措施。

飞碟般的人体离心机主要用于训练航天员对超重的耐力和在超重条件下操纵飞船和通信的能力。训练时，航天员坐在固定的座椅上，任由离心机不停地自转和公转。

空气必须被抽掉的低压舱训练中心还准备了适应太空生活的模拟舱，包括服务舱、休息舱和卫生舱三部分。三间舱都装有摄像设备，航天员的一举一动都会被记录下来。当航天员穿上特制的航天服走进低压舱之后，舱内的空气就被抽掉，航天员就此进入“太空”，在几天以至长达两三个月的试验中，航天员要忍受孤寂的煎熬。舱内既没有电视也没有音响，就连做一些摇摆幅度较大的运动也不可能。

天象仪室是训练中的最后一个关卡，用以培养航天员看星认路的能力。天象仪室的灯光熄灭后，一个极为绚丽的太空世界——太阳系的璀璨、银河系的广袤无不清晰地展现在眼前。恍惚中，“飞船”开始绕地球飞行，航天员要在这里识别他未来行走所要经过的路线，记清引导飞船入轨的一个个路标——那一颗颗看似相同但却有着千差万别的小星星。认路是为了防止飞船在航行过程中自动系统发生故障，如果出现故障，航天员不得不用手动装置，那时就只能依靠自己重新回到地球上来了。

另外，救生技能训练也是航天员训练中的重要一环。如果飞船返回舱由于意外原因没有落在预定的着陆区，在地面搜救队一时不能赶到现场提供救援时，航天员必须积极自救。所以，航天员们要进行海上、沙漠、丛林等各种地形和气象条件下的救生技能训练。作为航天基础训练内容，体能训练和特殊环境耐力训练则贯穿于这三个训练阶段的始终。

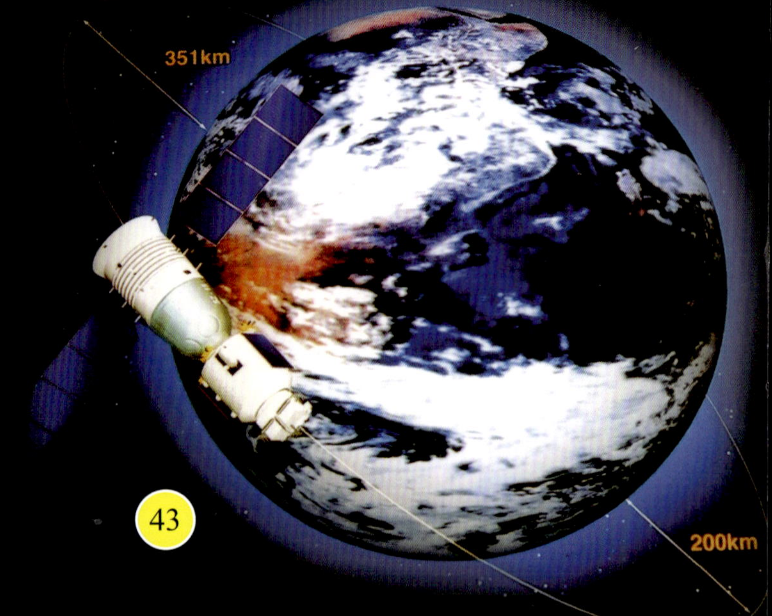

2002年4月，中国的首批航天员曾在神舟4号飞船上进行了为期一周的适应性测试。

后来，这批航天员中已有6人先后参加了航天飞行。

2009年中国开始选拔第二批航天员，最后从初选的30名男性和15名女性候选者中，选出了5名男性和2名女性成为第二批载人航天飞行的预备航天员。其中，男预备航天员都曾是空军歼击机飞行员，女预备航天员则是来自运输机飞行员。2012年6月以后到2013年，将有神舟9号和10号飞船载人到天宫一号上从事有人控制的交会对接和空间实验活动。2名女预备航天员正在参加飞行训练，有望和男航天员一起去展示自己的飞天风采。

45

46

47

神舟飞船九次成功“飞天”

1999年11月20日6时30分，中国第一艘不载人的试验飞船——神舟1号从酒泉卫星发射中心发射升空（图42，43）。经过21小时的飞行，在完成预定的空间科学实验后，在内蒙古中部地区成功着陆（图44），完成了神舟飞船的“处女之行”。神舟1号飞船座舱内放置有一个1.70米左右、穿着航天服的男性模拟人，半仰地斜躺在舱的正中，身子用绳索捆绑固定在座椅上。实际上，这个模拟人是一个感应器，用于收集返回舱在太空中的温度、湿度、氧气等各种试验数据。此外，舱内还搭载了小麦、水稻等农作物种子和青椒、西瓜、胡萝卜、油菜等10多种蔬菜种子，还有甘草、板蓝根等30多种中药材种子，以及纪念邮品共57件物品。

神舟1号飞船的成功发射与回收，是中国航天发展史上的一个里程碑，标志着中国载人航天技术有了历史性的重大突破。

2001年1月10日凌晨1时，神舟2号无人飞船发射升空，10分钟后成功进入预定椭圆轨道，距地面高度近地点为200千米，远地点为340千米。飞船按预定轨道环绕地球飞行108圈，在太空飞行近7天。同神舟1号飞船相比，神舟2号飞船的系统结构有了新的扩展，技术性能有了新的提高，飞船技术状态与载人飞船基本一致（图45，46）。

神舟2号飞船是第一艘正样无人飞船，由轨道舱、返回舱和推进舱三个舱段组成，它的发射完全是按照载人环境和条件进行的，船上的13个分系统均参加了飞行试验，凡是与航天员生命保障有关的设备，基本上都采用了真实件。它的发射和成功回收，使我国向实现载人飞行又迈出了重要一步。

2002年3月25日晚上10时15分，在酒泉卫星发射中心上空，响起震天轰鸣声。长征2号F火箭（图47）再次点火升空，在夜空中划出一道绚丽的轨迹，将神舟3号飞船送入预定轨道。这艘飞船的技术状态除没有搭载航天员外，其他技术状态与载人状态完全一致。飞船舱内装有人体代谢模拟装置、拟人生理信号设备以及形体假人，能够定量模拟航天员在太空中的重要生理活动参数。形体假人包括头、躯干、四肢等14个部分，每一部分的重量、形

48

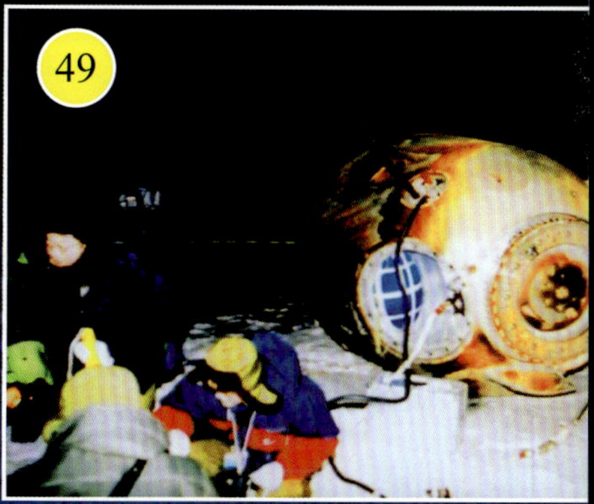
49

状与真人基本一致，并且整个假人的质心与真人也基本一致。同时，形体假人还能够满足航天服的穿脱，当安装在飞船座椅上时，其姿态以及质心能够与载人姿态保持一致。此外，发射时的航天员逃逸救生系统也投入了工作。这次飞行搭载了缩微芯片实验装置、鸡蛋空间孵化箱、康乐霉素菌种以及多种植物种子，还有一巨幅“腾飞中华龙”国画，研制人员签名的横幅和神舟飞船邮品。

4月1日16时51分，神舟3号飞船在完成空间科学和技术实验后返回地面（图48）。飞船拟人载荷提供的生理信号和代谢指标正常，验证了与载人航天直接相关的座舱内环境控制和生命保障系统，证明这套系统能满足载人的医学要求。

2002年12月30日，神舟4号飞船发射成功，在太空轨道运行近7天后于2003年1月5日返回地面，这是中国载人航天前的最后一次演练。神舟4号飞船有许多领先世界的技术，轨道舱在完成载人飞行任务后，能独立地作为一个卫星留在太空中继续工作，执行对地面观测和其他预定任务。飞船为航天员的太空生活空间装配了绝对防辐射的设施，并安装了自动和手动两套应急救生装置，无论在宇宙航行或是在返回地面时发生意外，飞船上的救生系统都会自动启动。

神舟4号飞船返回舱（图49）是世界上已有的近地轨道飞船中最大的舱，设置了可供3名航天员斜躺的座椅，座椅上方设有仪器板，下方设有控制手柄和光学瞄准镜。这次发射采用了故障检测系统、全冗余的控制系统，应用了飞船返回舱再入大气层时承受上千摄氏度高温气流冲刷的材料和结构技术，使飞船准确降落在预定区域的先进控制技术，防止返回舱严重过载而影响航天员健康甚至危害航天员生命的回收技术，完全达到了载人飞行的要求。

52

2003年10月15日9时整，神舟5号载人飞船在中国酒泉卫星发射中心用长征2号F运载火箭发射成功，将中国第一位航天员杨利伟送入太空，这是我国进行的首次载人航天飞行。在发射载人飞船之前，苏联进行了5次不载人的飞船升空试验，美国进行了8次不载人的飞船发射试验。中国的神舟号飞船在进行了4次试验后，就成功地把人送入了太空。神舟5号飞船成功发射和着陆，标志着中国载人航天工程取得历史性重大突破，中国已成为世界上继苏联/俄罗斯和美国之后第三个能够独立开展载人航天活动的国家。

2005年10月12日上午9时整，随着长征2号F火箭的又一次呼啸升空，神舟6号飞船开始了继神舟5号飞船之后的第二次载人航天飞行，这也是神舟飞船的第6次太空飞行。

神舟6号飞船仍为推进舱、返回舱、轨道舱的三舱结构，整船外形和结构与神舟5号基本相同，由于此次飞行没有交会对接任务，神舟6号飞船取消了用于交会对接的附加段。

神舟6号飞船为多人多天飞行，两位航天员要首次轮换进入轨道舱工作和生活。根据多人多天飞行任务的需要，神舟6号飞船上的环境控制和生命保障系统以及飞船的轨道舱作了较大改进。神舟6号飞船的成功发射，是对我国“多人多天”载人航天技术的一次考核，标志着中国载人航天取得新的突破。

50

51

2008年9月25日，神舟7号飞船(图50)发射升空，把翟志刚、刘伯明、景海鹏3名航天员送上350千米高的地球轨道。9月27日，翟志刚穿着“飞天”舱外航天服出舱，进行太空活动。这是中国航天员的首次太空行走，持续了19分钟。9月28日，神舟7号飞船返回地面。这次太空飞行历时3天，胜利完成太空行走任务。

2011年11月1日，神舟8号无人飞船发射升空，11月3日在轨道上与天宫一号目标飞行器实现交会对接，形成一个环绕地球运行的组合体。飞行12天后，神舟8号飞船与天宫一号解锁分离，然后又在北京航天飞行控制中心的精确控制下，再次靠近，完成第二次交会对接，重新形成组合体，进一步考核检验了交会对接测量设备和对接机构的性能。组合体继续飞行2天后，神舟8号飞船与天宫一号分离，于11月17日返回地面。神舟8号飞船的成功飞行，突破了航天器空间交会对接技术，为将来载人到空间站活动奠定了基础。

2012年6月16日，神舟9号载人飞船成功发射，把航天员景海鹏、刘旺、刘洋送入太空。神舟9号与天宫一号共进行两次空间交会对接，第一次为自动交会对接，第二次为有人操作的交会对接，使中国航天员首次进入空间实验室，并进行科学试验(图51)。

神舟9号飞行乘组采取“新老搭配、男女配合”的组合方式，以再飞航天员景海鹏为指令长，航天员刘旺主要执行手控交会对接任务，中国首位女航天员刘洋主要承担科学实验任务，重点开展航天医学实验研究。

53

54
品尝航天食品

55

中国载人航天的宏伟计划

按照中国航天事业发展规划，中国的载人航天将分三步来实施，其中第一步已经取得了突破性进展。

第一步是发射无人和载人飞船，将航天员安全地送入近地轨道，进行对地观测和科学实验，并使航天员安全返回地面。

美国、苏联/俄罗斯两国的载人航天也都是从飞船起步，到目前为止已研制发射三代飞船，从载1人到3人。现在俄罗斯还在使用载人飞船到空间站活动，美国后来改用航天飞机载人飞行。飞船与人造卫星最大的不同，是飞船具备航天员在太空生活和工作的生命保障系统。

第二步是发射短期有人照料的空间实验室，建成完整配套的空间工程系统。这一步要实现航天员太空行走，完成飞船与空间实验室的交会对接，在空间进行自主飞行。

苏联于1971年发射礼炮1号空间站，仅有1次成功的载人活动记录，3名航天员在站上进行了23天的自主飞行。后来，苏联又发射了6座礼炮号空间站，逐步延长了载人到站上活动的时间。美国1973年发射的天空实验室，曾进行3次载人太空实验活动，每次有3名航天员在站上照料，分别进行了28天、59天和84天的空间自主飞行。

第三步，建造长期有人照料的空间站(图52)，解决较大规模的空间科学研究和应用技术问题。

苏联1986年发射的和平号空间站，由核心舱和各实验舱段组装，完成后重达123吨，在太空整整飞行了15年。除接待航天员到站上作短期考察外，经常保持有2名到3名航天员轮换在站上长期照料和工作。由美国、俄罗斯和欧洲空间局等16个国家联合建造的国际空间站重约420吨，就像一座太空城，可容纳6名航天员同时在站上长期生活。

中国的载人航天规划“三步曲”完成后，航天员和科学家在太空的实验活动将会实现经常化，为中国利用太空环境和开发太空资源打下坚实基础。

56

57

58

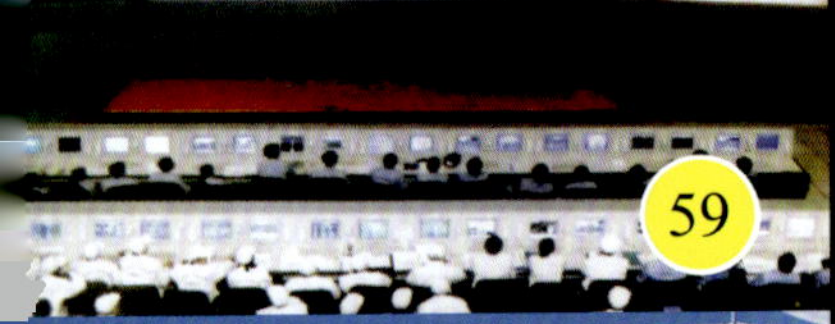

59

60

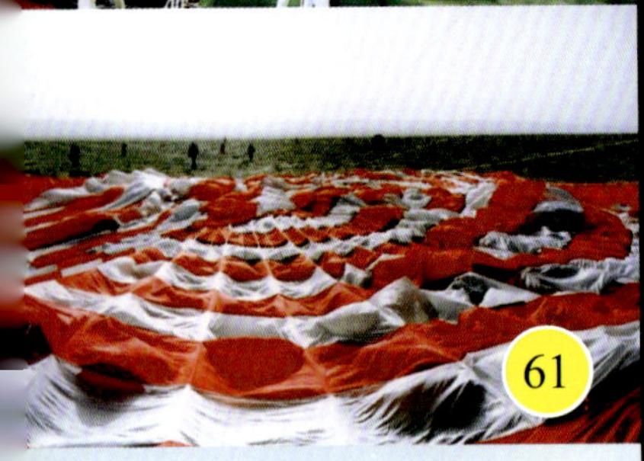

61

62

中国的载人航天系统

载人航天是一项规模宏大、技术高度密集的系统工程。中国载人航天工程第一步任务由七个系统组成。

航天员系统：航天员系统涉及航天生命科学和航天医学工程等诸多领域（图53，54）。如航天员的选拔和训练，航天服的设计和制造，太空食品、饮料的研制、生产和包装，供电、供水、供气，生活废弃物的处理等。

飞船应用系统：包括有效载荷及支持系统。载人上天要开展对地观测、环境监测、天文观测，以及进行生命科学、材料科学、流体科学等各种科学实验。神舟号飞船拥有上百种有效的科学实验设备和地面支持设备（图57）。

载人飞船系统：（图55）神舟号飞船由轨道舱、返回舱、推进舱和附加段连接成一个整体。轨道舱位于前部，呈两端带倾角的圆柱形，密封结构，是航天员在太空进行实验工作的场所，航天员返回地球后，轨道舱要么继续留在轨道上运行，以进行尚未完成的科学实验，要么留在太空中，成为太空垃圾，要么坠毁在太空；返回舱位于中部，呈钟形，密封结构，是航天员上升和返回地球时乘坐的工具，也是飞船唯一返回地面回收的舱段，返回舱内有环境控制与生命保障系统、升力控制返回装置、圆顶降落伞回收设备以及其他设备，舱外表面覆盖有防热材料，返回舱返回地球时，先后与轨道舱和推进舱分离，返回舱单独进入大气层，当距地面达到一定高度时，用降落伞降落到地面；推进舱位于后部，非密封结构，安装有飞船的动力系统，飞船在与运载火箭分离后，其调整运行轨道等一系列活动，都由推进舱提供动力。

运载火箭系统：发射神舟号载人飞船的运载火箭——长征2号F火箭（图64）除了箭体结构、动力装置、控制设备、遥测系统、外弹道测量系统要保障可靠性外，还增加了故障检测和逃逸救生系统。长征2号F火箭全长58.3米，起飞质量479吨，是中国研制的最高、最重、可靠性最高的运载火箭，低轨道运载能力可达到8吨（图56，63）。

发射场系统：发射场系统包括技术区、发射区、试验指挥区以及辅助的气象、观测、跟

63

踪测量等台站。技术区建有火箭、卫星或其他航天器的总装、测试和维护厂房。发射区建有发射台、发射塔（图64）、发射控制室、燃料库、氧化剂库、水塔等设施。发射台和总装厂房通过专用铁轨连接在一起。航天发射场的选址要根据发射航天器轨道要求、地面测控配置、安全保证、气候条件等诸多因素综合考虑，并受国家地理和环境条件的制约。早期的航天发射场都用于导弹发射和试验，保安和保密措施极为严格。随着航天活动与经济发展的关系日益密切，以及国际间的航天技术交流与合作日渐频繁，加之侦察卫星将宽阔的发射场一览无余，航天发射场的神秘面纱已被揭开。中国的载人航天发射基地建在酒泉卫星发射中心，是一个理想的载人航天发射场。酒泉卫星发射中心（图58）建有试验指挥大楼、垂直总装测试厂房、飞船总装测试厂房、逃逸塔测试厂房、发射塔等一批新颖别致的建筑物，垂直总装、垂直测试、垂直转运技术和远距离测试发射技术等已达到国际先进水平。

测控通信系统：飞船在太空飞行时，要靠陆基、海基、天基测控通信系统保持天地之间的联系，担负起飞船遥测数据接收、处理和显示，遥控指令和数据注入，轨道计算和确定，飞船返回控制监视和搜救指挥等各项任务。北京航天飞行控制中心（图59）以及分布在全国的陆上测控站、布设在大洋上的远望号测量船（图60）和在太空飞行的天链一号中继卫星，组成了连续跟踪、测量与控制的测控网。北京航天飞行控制中心统一调度、指挥遍布全球的陆海天基测控网，可以保证神舟号飞船的成功发射、飞行和返航。

着陆场系统：它包括主、副着陆场，陆上应急搜索，海上应急搜索，通信测量，航天员医保等部分。着陆场要能完成飞船着陆前后的测量通信，着陆后的搜索回收，营救航天员和对舱内有效载荷进行处置。神舟号飞船的主着陆场选在广阔的内蒙古中部草原（图61）。在酒泉卫星发射中心以东建有副着陆场，还设有几个陆上和海上应急救生点。神舟号飞船返回舱使用降落伞回收，具备可靠而安全的回收条件（图62）。

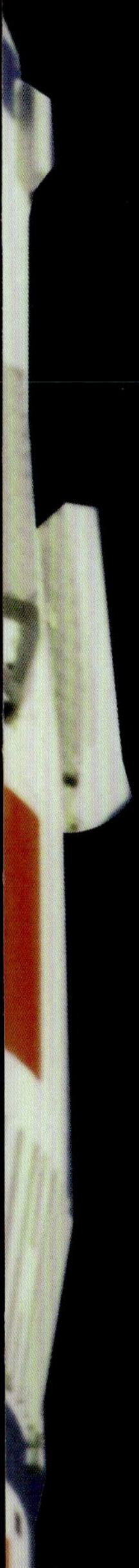

64

"嫦娥"开始奔月之旅

2004年1月，中国启动月球探测的"嫦娥工程"。"嫦娥工程"分三步实施：

第一步是发射月球探测卫星，实现绕月飞行；第二步是发射月球探测器着陆月球，并在月面上巡视考察；第三步是发射月球探测器在月面探测采样后返回地球。预计到2020年，在实现月球探测"绕、落、回"的三步目标后，中国将实施载人登月计划，真正实现"嫦娥奔月"入住广寒宫的梦想。

2007年10月24日，中国第一颗月球探测卫星嫦娥一号（图65）在西昌卫星发射中心，用长征三号甲运载火箭发射升空，16分钟后先进入近地点205千米、远地点50930千米的超地球同步轨道。然后经过7天的调整轨道飞行，10月31日，嫦娥一号卫星成功进入地月转移轨道。11月7日，嫦娥一号调整到高度200千米、周期127分钟的极月圆轨道，成为围绕月球运行探测的月球卫星。11月26日，国家航天局正式公布了嫦娥一号探月卫星传回的第一幅月面图像。嫦娥一号获得许多重要的探测成果。

2008年7月1日，嫦娥一号完成全月球影像数据的获取；10月24日，顺利实现在轨一年的工作寿命，圆满完成探月任务。2009年3月1日，嫦娥一号受控撞击月球的丰富海区域，结束了自己奔月的探测使命。

小资料：

嫦娥一号月球探测卫星

它以东方红3号卫星平台为基础，外形是个6面立方体，两侧装有一副像翅膀一样的太阳能电池板，跨度达18.1米，全重2350千克，环绕在距月面200千米高的极月圆轨道上运行，设计寿命一

66

65

年。它装有8种探测仪器，负责探测月球上14种元素的含量与分布，测量月球表面的微波辐射特征和月壤厚度，探测地月空间环境。

长征三号甲运载火箭

它是一种新型三级液体火箭，全长52.52米，一、二级直径3.35米，三级直径3.0米，卫星整流罩直径3.35米，起飞质量241吨，起飞推力2961千牛，地球同步转移轨道运载能力2.6吨。在发射嫦娥一号之前，长征三号甲运载火箭已经有过14次成功发射卫星的纪录。

67

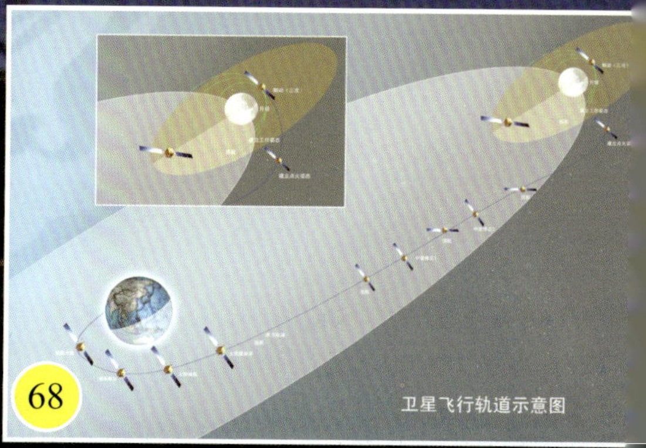

68

卫星飞行轨道示意图

2010年10月1日，嫦娥二号月球探测卫星（图67）用长征三号丙运载火箭（图66）发射升空，约25分钟后，嫦娥二号直接进入近地点200千米、远地点38万千米的地月转移轨道（图68）。这样就使嫦娥二号的奔月时间由嫦娥一号的12天减为5天。嫦娥二号卫星奔月飞行约112小时，经过3次近月制动后即进入距月球100千米高的圆轨道绕月飞行。10月27日，嫦娥二号降低轨道在15千米处拍摄到将来嫦娥三号在月球着陆的月球虹湾地区图像。11月8日，公布了嫦娥二号传回地面的月球虹湾区域局部影像图。这标志着嫦娥二号奔月之旅获得了圆满成功。

小资料：

长征三号丙运载火箭

由于嫦娥二号重量增加到2482千克，又是直接发射到地月转移轨道，因此发射选用了推力更大的长征三号丙运载火箭。长征三号丙火箭是在长征三号甲火箭的基础上，捆绑2个助推器，形成一个新型三级液体火箭。火箭全长约55米，起飞质量约343吨，地球同步转移轨道运载能力3.8吨。2008年4月首飞成功。

嫦娥一号和嫦娥二号的成功飞行，标志着嫦娥工程第一步任务的圆满完成。2013年嫦娥三号月球探测器将由长征三号乙运载火箭发射，到月球进行软着陆探测与月面巡视勘察，揭开嫦娥工程第二步的帷幕。现代“嫦娥”到月球上去会见吴刚的日子越来越近了。

69

世界航天科技的奠基人

英国主教、历史学家哥德温于1638年出版的《月中人》一书，描绘了英雄冈萨雷斯去月球旅行的故事。法国科幻小说大师儒勒·凡尔纳（1829～1905年）在他的作品中，令人惊奇地预见到许多未来的科学发明，包括人类挣脱地球引力进行太空旅行。他在1865年发表的科幻小说《从地球到月球》一书中，讲述了三个探险家乘一颗空心炮弹，由一门巨炮发射升空去月球探险的故事（图69）。故事里的主人公没能到达月球，空心炮弹变成了月球的卫星，而他们的天文学家朋友则坚信探险家们一定能返回地球。巧合的是，小

70

说中探险家们乘坐的巨型炮弹由“哥伦比亚”炮发射，而美国于1981年发射的航天飞机，也被命名为“哥伦比亚”号。小说中炮弹发射地点为佛罗里达半岛西侧的坦帕城，而半岛东侧距坦帕城约170千米处，即是美国现在的肯尼迪航天中心。如此惊人的巧合，实在令人惊奇。

在古代，由于人们对宇宙空间缺乏系统和科学的认识，加上科学技术不发达，飞天的努力几乎无一例外地都以失败而告终。进入20世纪，近代物理学、天文学和工程技术科学取得的丰硕成果，促使科学家开始认真思考人类进入太空的问题。在一大批宇航科学家和火箭、导弹专家的不懈努力下，有关宇宙航行的理论纷纷被创立和提出，导弹、火箭技术获得重大突破并开始进入试验应用，具有洲际射程的运载火箭应运而生，人类离真正的飞天只有一步之遥。

齐奥尔科夫斯基：宇宙航行理论的奠基人

俄罗斯科学家齐奥尔科夫斯基（图70），被公认为宇宙航行理论的奠基人。他曾说过一句名言：“地球是人类的摇篮，但人类不会永远生活在摇篮里，而会不断探索新的天体和空间。首先，他们将小心翼翼地穿出大气层，然后便去征服整个太阳系。”

齐奥尔科夫斯基在宇宙航行理论方面的建树非常广泛，当今宇宙航行的一些基本问题，他几乎都有涉猎。1883年，齐奥尔科夫斯基在《外层空间》一书中，首先从理论上证明，行星际空间为绝对真空状态，火箭可以在太空真空环境中工作，因为它自带氧化剂、燃料，燃烧时不需要外界供给氧，同时，火箭喷射的反作用力推进原理在真空中仍然有效，因此，火箭可以作为宇宙航行的动力。

1885年，齐奥尔科夫斯基在一本科幻小说中提出发射人造地球卫星的设想。1903年，他发表《用火箭推进装置探索宇宙空间》论文，从理论上证明：火箭的速度与火箭发动机的喷气速度成正比；火箭自身的结构质量越小，火箭所获得的速度越高。这一公式后来被称为齐奥尔科夫斯基公式，也被誉为宇宙航行第一公式(图71)。这一公式为宇宙航行奠定了理论基础。齐奥尔科夫斯基还指出：液氢、液氧是最理想的推进剂；在当时的科学技术条件下，单级火箭达不到宇宙速度，必须用多级火箭接力的办法才能进入宇宙空间。

1911年和1912年，齐奥尔科夫斯基又提出有关载人宇宙飞行的一系列设想，例如，到其他星球上去必须经过真空区，载人宇宙飞船必须携带空气；飞船上必须有密封座舱；座舱中的空气必须不断净化，才能为乘客提供新鲜空气；飞船返回时利用地球大气刹车；建立轮胎形空间住宅，用自旋产生人造重力；用动物和植物组成生物循环链，在太空建立完整密闭的生态系统，为航天员提供食物和氧气。他还推导和论述了不同质量的物体在失重条件下的运动规律，研究了失重和超重对人体的影响。

1924年，他在《宇宙飞船》一文中设想了一种纺锤形飞船，除动力装置和密闭生态系统外，还提出了太空机动器的设想。他设想航天员走出飞船密封座舱后，可利用“宇宙枪”喷出气体产生的反作用力，在太空中行走和漫游。齐奥尔科夫斯基还预言太阳的光能可以作为推动宇宙飞船飞行的动力，从而提出太阳帆的设想。

齐奥尔科夫斯基一生写下了730多篇论著(图72)。70岁以后，他还写了《进入宇宙空间的火箭》、《宇宙火箭推进的列车》、《航天员和火箭飞机加速升空》、《达到同温层》和《火箭的最大速度》等多部著作。

齐奥尔科夫斯基1857年出生于俄国一个贫寒的家庭(图73)。10岁那年的一场严重猩红热病，夺去了他两耳的听力，他无法继续上学，只好由母亲指导读书写字。第二年他母亲又去世了，齐奥尔科夫斯基靠坚强的毅力自学了小学和中学的课程。16岁那年，他执意要上大学，但没有一个学校愿意接收一个没有中学文凭的聋子。他只身来到遥远的莫斯科，寄住在一户好心

71

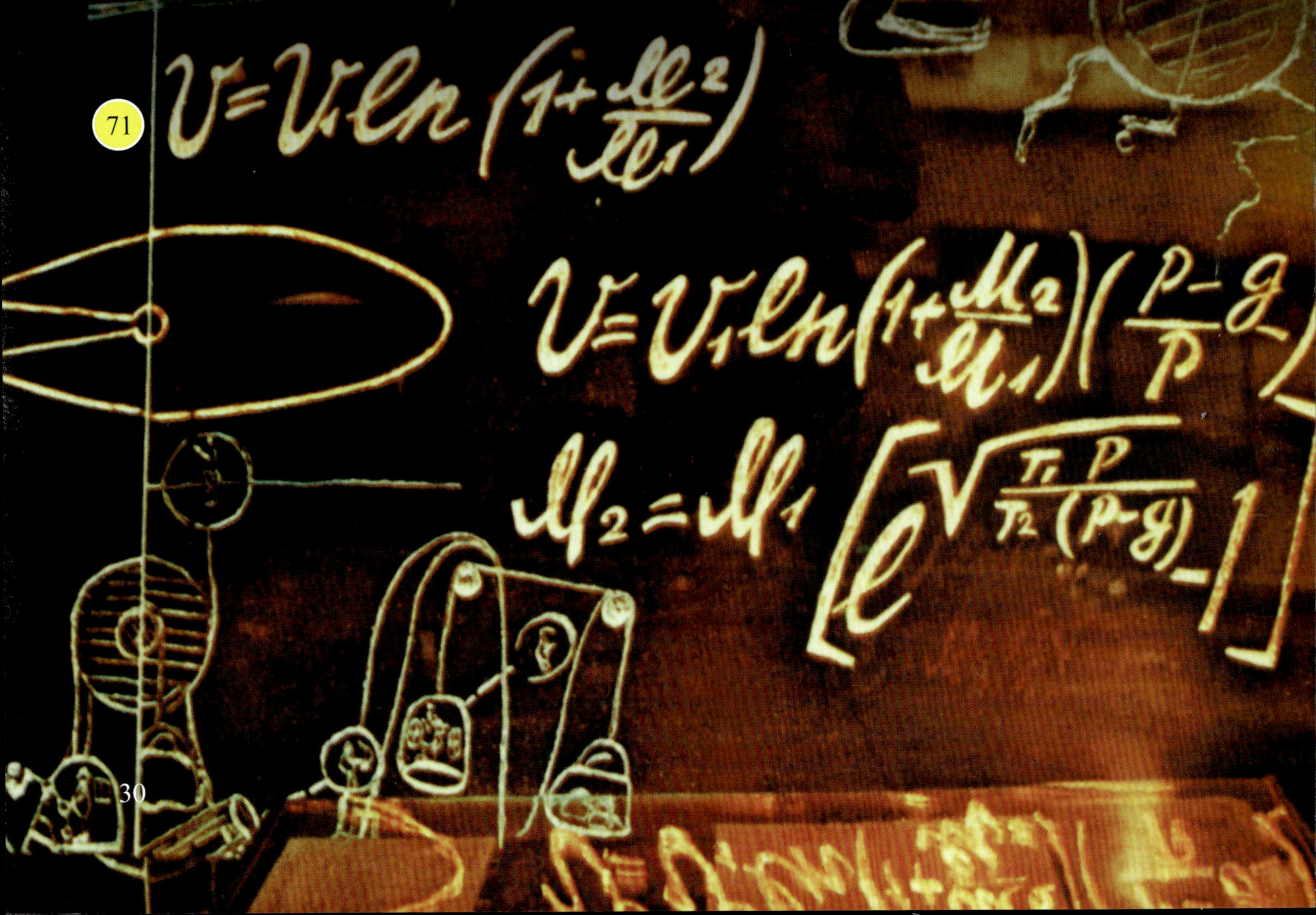

的穷人家中，在图书馆中自学大学课程。父亲每月只能给他寄十几个卢布，这点钱远远不够伙食费，但他还要挤出钱来买书籍和实验用品。齐奥尔科夫斯基有时连续两三天不吃东西，常常饿得昏了过去。

1878年，齐奥尔科夫斯基回到家后，好不容易才被录用为中学数学教师。在业余时间里，他全力进行宇宙航行理论的研究和实验，但是，他的行为不被当时的人所理解，常常被斥为“怪人”，其宣传宇宙航行知识的科幻小说作品，也被人视为“异端邪说”。有人挖苦他是“一个无名之辈，无聊文人”，斥责他“企图把青少年引向邪路”。但他顶着各种奚落，毫不动摇地坚持自己的事业。经过10多年的艰苦努力，他的研究成果才得到门捷列夫等著名学者的赏识。

72

齐奥尔科夫斯基有彻底研究问题的好习惯，他从不放过任何微小的细节。一次，他在物理学中学到，每一个作用力都会有一个大小相等、方向相反的反作用力存在。他在学习这一定律时，并不只是停留在定律本身，他想到，地球绕着太阳转，地球运行的离心力与太阳对地球的引力大小相等、方向相反，所以地球始终在轨道上绕太阳运行。他还进一步大胆设想，如果地球发生灾难，变成了碎片，碎片将会怎样？经过思考，他认为，地球碎片的引力中心仍然会继续保持在地球绕太阳运行的轨道上，这样，他就首先认识到了“引力中心不变定律”。这个定律同作用力与反作用力定律一样，是解决宇宙航行的一个基础理论问题。

还有一次，他在看完一本叫做《作为星际航行工具的火箭原理》的书后，发现书中有许多概念是错误的，于是便对火箭原理进行系统研究，诞生了他那著名的火箭公式，为其建立宇宙航行理论打下了坚实的基础。

73

74

1926年3月16日，以这种发动机为动力，带有两个推进剂贮箱，高3.04米的火箭，从一个简陋的铁架子上发射成功（图75）。虽然火箭的飞行时间只有2.5秒，达到的高度只有12米，水平飞行距离56米，但这次成功发射的第一枚液体推进剂火箭，却是宇宙航行事业发展史上的重要里程碑。

1930年12月30日，戈达德制造的一枚新的液体火箭发射成功，飞行高度达到610米，飞行距离300米，飞行速度达到800千米／小时。

1931年，戈达德在火箭发射试验中，首先采用了现代火箭目前仍然在使用的程序控制系统。

1932年，他首开先河，用燃气舵控制火箭的飞行方向。1935年，戈达德的液体火箭最大射程已达到20千米，速度超过声速。

戈达德一生获得212项火箭研究方面的专利，为火箭事业作出了重大贡献。然而，当时的美国政府却没有认识到他研究工作的重大价值，也没有在科研经费上给予他应有的支持。

20世纪五六十年代，苏联在洲际导弹、发射人造地球卫星和载人航天等方面连连领先于美国，引起美国民众对政府的强烈批评。在历史的检讨中，美国政府于1961年发表了戈达德30年来研究液体火箭的全部报告，使戈达德获得了“美国火箭之父”的尊称。后来，美国政府将航空航天局的一个航天飞行中心命名为“戈达德航天飞行中心”。在这个中心的入口处建有一块纪念碑，碑上刻着戈达德的一句名言：“很难说有什么办不到的事情，因为昨天的梦想可以是今天的希望，而且还可以成为明天的现实。”

75

戈达德：美国火箭之父

1926年3月一个严寒的冬日，发生在美国马萨诸塞州奥尔本的一件事情，使世界发生了划时代的变化。就在那一天，美国的火箭先驱罗伯特·戈达德（1882～1945年）（图74）发射了世界上第一枚以煤油和液氧为推进剂的小型液体火箭，这也是第一枚现代意义上的火箭。

戈达德1882年生于美国，中学时代，他阅读了《月球上的第一批人》等科幻小说，萌生了献身宇宙航行事业的信念。从1909年开始，他对火箭动力学进行了广泛的理论研究。1911年，他将一枚固体燃料火箭放在真空玻璃器皿内进行点火实验，证明火箭能在真空中工作。1925年11月，在经历了无数的失败和挫折后，他制造出一台长0.6米，重5.5千克，以煤油和液氧为推进剂的小型液体火箭发动机。这台火箭发动机点火后，成功地工作了27秒。

冯·布劳恩：
德国的导弹专家和美国的火箭专家

当戈达德进行他的火箭飞行试验时，另一位曾为世界航天技术的发展特别是美国航天事业的发展作出重要贡献的科学家，也开始了对火箭的研究工作，他就是曾在第二次世界大战中为德国成功制造出V-2导弹，之后又成功地为美国发射第一颗人造卫星和“阿波罗”载人登月飞船研制运载火箭的冯·布劳恩(图76)。

冯·布劳恩1912年生于德国，母亲是一位颇有成就的业余天文学家，受母亲的影响，冯·布劳恩在童年时就对载人飞往月球的火箭产生浓厚兴趣。1925年，13岁的冯·布劳恩看了奥伯特《飞往星际空间的火箭》一书，他立即通过别人介绍成为奥伯特的学生。奥伯特是与齐奥尔科夫斯基和戈达德齐名的宇航事业先驱者。在20世纪二三十年代，他把欧洲大部分火箭研究者团结在自己周围，共同进行火箭的研制和发射试验，取得了许多重要成果。他的《实现太空飞行的道路》等著作，至今仍然被认为是宇宙航行的经典理论。

1933年，冯·布劳恩领导一个研究火箭的小组，开始研制A系列火箭。1942年10月3日，A-4受控火箭发射成功，飞行速度达到2千米/秒。如果循此前进，用多级火箭就可以达到克服地球引力所需要的宇宙速度。

但是，德国纳粹政府只看重A-4的军事价值，特别是在军事上显出颓势的时候，更想利用这种技术来挽回战场上的败局。于是，纳粹当局便下令将A-4火箭改造为V-2导弹(图77)，并强迫冯·布劳恩为德国研制其他类型的导弹。到1945年为止，德国法西斯共生产出6000多枚V-2导弹，其中有4000多枚被发射出去，给英国等国家的人民造成了巨大的生命财产损失。在战时，冯·布劳恩还为德国研制出了V-1飞航式导弹，“瀑布”、“莱茵女儿”等地空导弹，X-4、HS-298等空空导弹。冯·布劳恩还有更多的研究计划，由于德国战败被迫终止。

二战结束后，布劳恩作为“头脑财富”来到美国。

到美国后，布劳恩领导了弹道导弹武器计划的实施，在V-2的基础上先后研制成功“红石”和“丘比特”导弹，但他并未受到美国政府的重用。苏联发射成功第一颗人造地球卫星后，美国用于发射卫星的火箭却屡试屡败，感受到压力的美国政府在紧要关头紧急启用布劳恩。布劳恩临危受命，将单级“丘比特”导弹改装成4级运载火箭，成功发射了美国的第一颗人造地球卫星。

为了与苏联搞载人航天竞争，美国授命布劳恩实施“水星”和“双子星座”载人飞行计划。但是，由于美国载人飞行计划起步较晚，最终还是把载人航天“第一”让给了苏联。苏联的载人飞船进入太空后，美国人痛定思痛，决定执行“阿波罗”载人登月计划。憋足了劲的布劳恩，

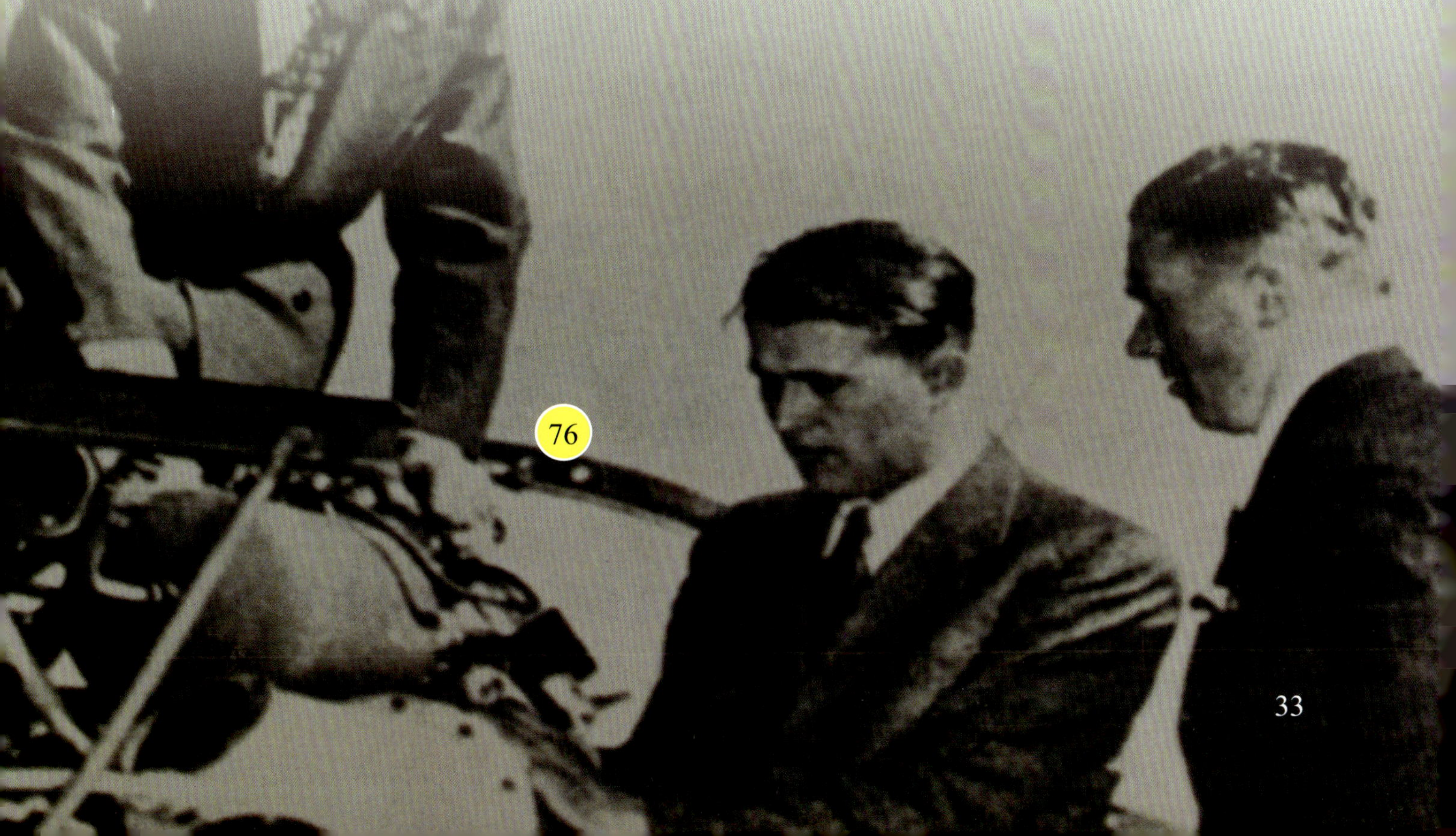

76

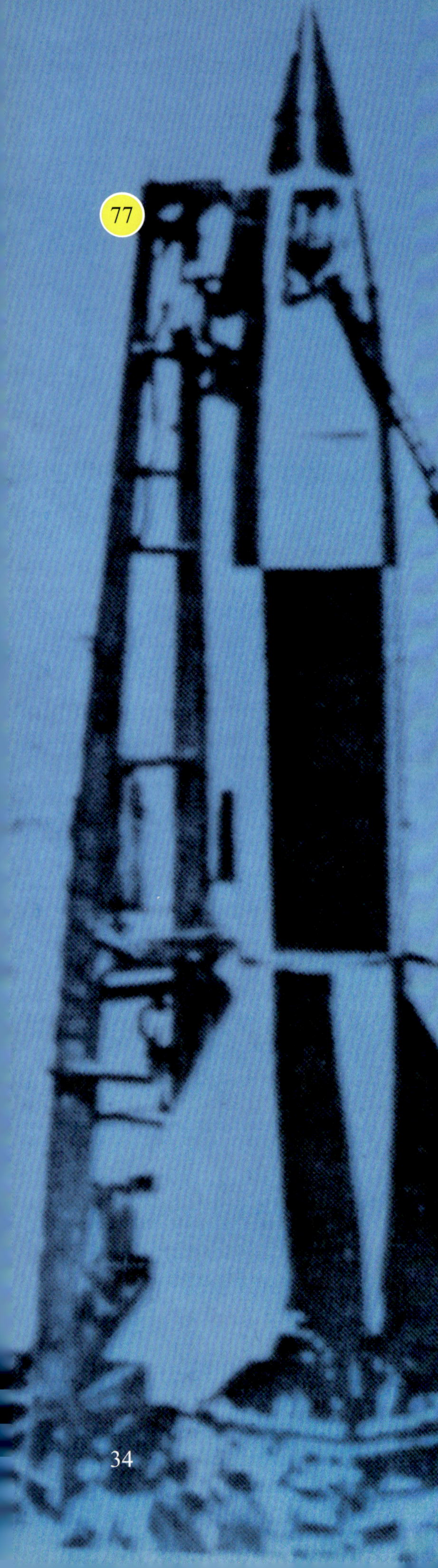

77

承担了研制“阿波罗”载人登月飞船的运载火箭——土星五号的艰巨任务。阿波罗号飞船重达50吨，要将这样重的飞船送上月球，对运载火箭的要求是前所未有的。但布劳恩圆满地完成了任务，土星五号火箭13次发射，次次成功，实现了把人送上月球的宏伟目标。

布劳恩到美国后，还对宇宙航行进行了研究。他在1953年发表的《火星计划》中，论述了星际航行的规模、手段和方法，以及可能出现的技术障碍和防护措施。20世纪50年代，他还提出了轮式空间站方案。

小资料：

火箭与导弹的区别

在古代，火箭是指把装有火药的筒绑在箭杆上，或在箭杆内装上火药，点燃引火线后射出去，箭在飞行中借助火药燃烧向后喷火所产生的推力使箭飞行得更远，人们把这种喷火的箭叫火箭。这种向后喷火，利用反推力前进的箭，已具有现代火箭的雏形，加之这种火箭使用固体火药，可以称之为原始的固体火箭。

我们现在所称的“火箭”，是指自身既带有燃料，又带有助燃用的氧化剂，用火箭发动机作动力装置，可在大气层内飞行，也可在大气层外的真空中飞行的飞行器。

古代火箭是作为一种武器被广泛应用的，现代火箭也不例外。中国的火箭技术经印度、阿拉伯等地传入欧洲后，火箭武器在亚欧一些国家得到了应用和发展。但早期的火箭武器发射出去后都无法进行控制，命中目标精度差，作战效率不高，发挥的威力有限。随着战争的需要，迫切要求提高火箭武器的命中精度，于是在火箭上装上控制设备以控制其飞行的新型火箭武器应运而生，这种武器就是我们所说的“导弹”。

德国是最早研制导弹的国家。1931年5月，德国科学家赫尔曼·奥伯特领导的宇宙航行协会试验成功了欧洲的第一枚液体火箭。1932年，德国军方在参观赫尔曼·奥伯特研制的液体火箭发射试验后，意识到火箭武器在未来战争中具有的巨大潜力，便开始组织一批科学家和工程技术人员，集中力量秘密研制火箭武器，这就是在第二次世界大战中先后研制成功并用于实战的V-1、V-2两种导弹。

最早出现的一些导弹是用火箭发动机来推进的，有人就称之为火箭，因此，人们常常将火箭与导弹混为一谈。其实导弹和火箭是有很大差别的：导弹是依靠自身动力装置推进，由控制系统控制其飞行并导向目标的一种战争武器；火箭则是一种依靠火箭发动机产生推力飞行的飞行器；导弹有战斗部，也叫弹头，其内部可以装炸药，也可以是核武器或化学武器。

有些导弹用有控火箭作运载工具，如弹道式导弹。这种作运载工具的火箭就叫运载火箭。运载火箭不但可以运送导弹弹头，使其命中目标而成为导弹，还可以运送航天器如人造地球卫星、载人飞船和空间站。早期的运载火箭是从导弹运载器派生出来的，如苏联发射世界上第一颗人造地球卫星的卫星号运载火箭，是用苏联最早研制成功的P-7洲际战略导弹运载器改制而成；美国发射第一颗人造地球卫星，其运载火箭由丘比特导弹改制而成；我国的长征二号运载火箭，也是在我国研制的第一代洲际战略导弹的运载器基础上改制而成的。

冲出大气层——用速度战胜地球引力

遨游太空是人类自古以来的梦想，但祖先们却无法离开地球，飞向星空，于是只好用美丽的飞天神话和幻想来寄托这种愿望。人为什么不能离开地球呢？1686年，牛顿在《自然哲学的数学原理》中提出的万有引力定律，为我们揭示了其中的原因：由于地球对人有强大的吸引力，所以人总是被束缚在地球上。

那么，人类是不是永远无法离开地球呢？

不是！科学研究表明：速度可以帮助人类战胜地球引力，要使一个物体离开地球，可以沿着与地球引力方向相反的方向给它加力，使它作加速运动，当物体达到一定速度时停止加力，它就能以惯性一直向前飞行，从而脱离地球。

物体脱离地球必须达到的速度，可以通过地球的质量和物体与地心的距离计算出来（图78）。物体离开地球飞行时，这个速度为11.2千米/秒，这个速度叫脱离速度或逃逸速度（第二宇宙速度）。在这个速度下，物体就能够摆脱地球引力，在太阳引力作用下绕太阳运行。若要摆脱太阳引力的束缚飞出太阳系，物体的运动速度必须达到16.7千米/秒（第三宇宙速度）。要想让航天器绕地球表面飞行，即让航天器作圆周运动，其运动速度必须达到7.9千米/秒，这个速度被称为环绕速度（第一宇宙速度）。

这也就是说，你站在地球表面向前方抛掷出一个物体，当物体飞行方向与地球公转方向一致时，物体的速度越快，抛出的距离就越远。如果你抛出的物体速度达到7.9千米/秒，那么物体就不会再落地，而是绕地球旋转起来；速度达到11.2千米/秒，物体就会永远离开地球；速度再快到16.7千米/秒时，物体就会离开太阳系，飞向深不可测的外太空。

78

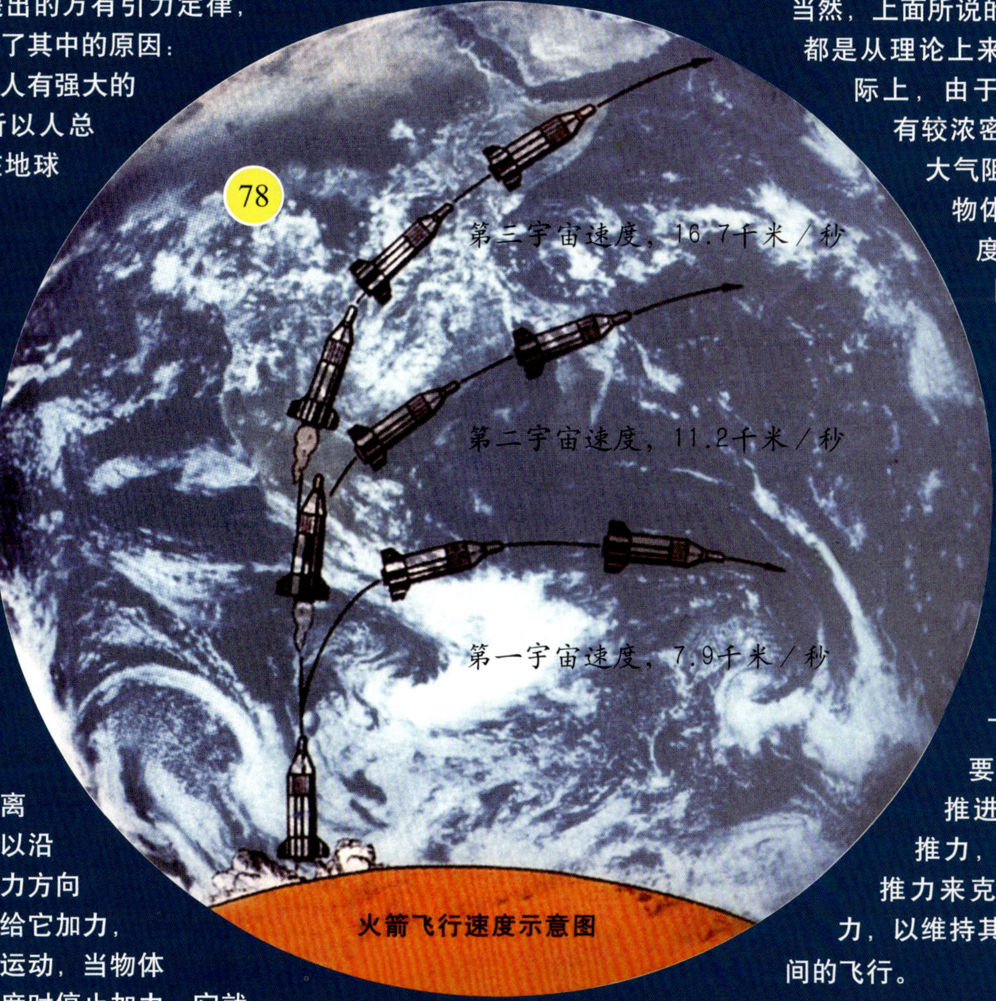

火箭飞行速度示意图

当然，上面所说的宇宙速度都是从理论上来说的，实际上，由于近地空间有较浓密的大气，大气阻力会降低物体的飞行速度。在大气阻力的作用下，靠惯性飞行的物体最终会落向地球。若要维持物体的宇宙速度，飞行器需要携带大量推进剂来产生推力，用连续的推力来克服空气阻力，以维持其在宇宙空间的飞行。

小资料：

航空器和航天器的区别

在航天科技领域，“天”是指地球大气层以外的广大宇宙空间，这大致与我们现在所说的“太空”的概念相当，“空”则指地球表面以上的大气层空间。

从“天”、“空”的现代科学含义来看，所谓“航空”，就是人类在地球大气层中飞行，所

79

使用的飞行器叫"航空器"，如飞机、直升机、飞艇和热气球等。航空器在大气层中飞行，由于空气阻力的作用，需要有持续不断的推力维持其飞行速度，所以飞机要携带燃料。由于大气层中有充足的氧气，航空器不需要携带氧化剂。所谓"航天"，就是人类冲出地球大气层，到太空中去活动，即航天飞行。它所使用的飞行器是"航天器"，如人造地球卫星、宇宙飞船、空间站和航天飞机，送卫星、宇宙飞船、空间站和航天飞机进入太空的运载火箭只是一种运载工具，将航天器送入太空后，运载工具的使命也就基本完成了，航天器在真空或者近似真空的状态下，可以依靠惯性来飞行。由于火箭需要在太空飞行一段时间和距离，所以它要携带燃料，同时还要携带氧化剂。从这一点来看，航空器与航天器是有很大不同的。如果人类冲出太阳系、银河系乃至河外星系，一般认为就进入了外太空，其航行活动就称之为"航宇"。"航天"和"航宇"统称为"宇宙航行"，简称"宇航"。目前，人类的能力和科技水平还无法达到航宇的要求。

古代的火箭，由于产生的推力太小，永远也不可能把人和其他物体送入太空。运载火箭技术的发展，特别是多级火箭(图79)和捆绑式火箭的产生，为人类进入太空提供了条件。

火箭要想把卫星、飞船等航天器送入太空，取决于火箭能不能产生战胜地球引力的宇宙速度。

在20世纪五六十年代，靠单级火箭是无法达到这一速度的，因为火箭进入太空，要自带燃料和氧化剂，火箭要想获得较高速度，就要携带尽可能多的燃料和氧化剂，但火箭的质量越高，火箭飞行能达到的速度就越低。按当时的研究推算，要想让单级火箭进入太空，推进剂应占火箭总质量的91%以上才行，这样单薄的火箭，在当时的科技水平下是造不出来的，即使造出来也无法使用。

早在齐奥尔科夫斯基时，就设想用多级火箭接力的办法来达到宇宙速度，就是在火箭发射时，让最下面一级先工作，完成任务后脱离火箭，接着启动上面一级，进一步提高速度，这样逐级提高，就可以达到火箭所需要的宇宙速度。当然，火箭级数也不是越多越好，根据科学计算，火箭级

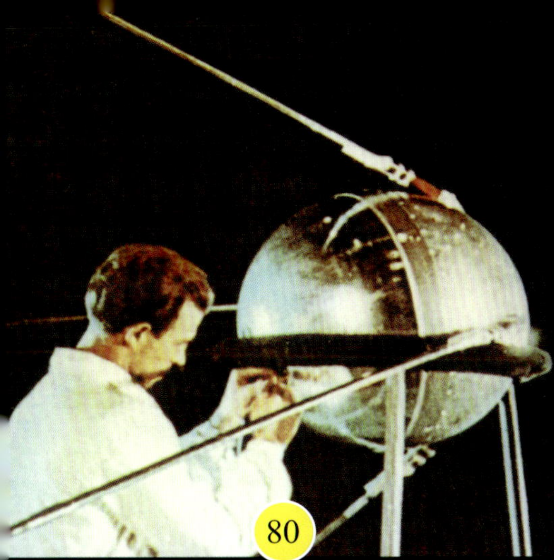

80

81

82

数一般不应超过4级。

从苏联发射第一颗人造卫星，到美国使用的航天飞机，人类送入太空的所有人造物体，都是使用的多级火箭和捆绑火箭技术来实现的。

随着现代科学技术的进一步发展，科学家们如今又重提单级入轨技术。在火箭推进剂、制造技术、燃烧效率等各方面都有了较大突破后，人类有可能制造出单级入轨的飞行器，到那时，火箭串联和捆绑技术就不再重要了。

航天历史上的第一次

苏联航天事业的历史性突破

20世纪五六十年代，苏联航天事业的一系列重大成果，终于使人类真正实现进入太空的愿望。

1957年，苏联第一枚洲际导弹发射成功后，苏联在航天专家科罗廖夫的领导下，采用捆绑式火箭的办法，于当年10月4日，将世界上第一颗人造地球卫星（图80）送入太空轨道；11月3日，苏联第二颗人造地球卫星载着小狗“莱伊卡”（图81）进入太空；1958年，苏联成功地发射了卫星式飞船；1959年1月2日，苏联成功发射月球1号探测器，这是世界上第一个摆脱地球引力的飞行器；9月12日，苏联发射的月球2号，成为第一个到达月面的人造物体；10月4日苏联发射的月球3号，拍回了第一批月球背面的照片。

1961年4月12日，对人类来说是一个伟大的日子。这一天，苏联航天员尤里·加加林（图82）乘坐东方一号飞船进入太空，绕地球飞行108分钟后安全返回地面。这是人类第一次遨游太空，从此，人类航天进入了新纪元，加加林作为第一个进入太空的航天员也名垂青史。

东方一号飞船（图83）是用东方号运载火箭送入太空的。这种火箭由苏联的卫星号运载火箭改进而成，火箭全长38.36米，起飞质量287吨，可将质量4275千克的有效载荷送入近地轨道。

东方号宇宙飞船是苏联最早的载人飞船，由密封座舱（2400千克）和服务舱组成，质量约4730千克。球形座舱直径2.3米，只能乘坐一名航天员。座舱里有可供飞行10天的生命保障系统，还有各种仪器设备和弹射座椅。飞船返回前，需抛掉末级火箭和服务舱，座舱单独进入大气层。待座舱下降到距地面约7千米的时候，航天员弹出座舱，然后用降落伞着陆。

东方1号飞船的航天员加加林1957年成为飞行员，1960年被选为航天员，1961年完成人类首次太空飞行，1968年在飞行训练中因飞机失事遇难。

83

84

作为第一位从太空看到地球的人，加加林看到的地球是一种什么样子呢？加加林看到太空虽然漆黑一片，但是太阳高悬天际，星光闪烁，地球环绕着淡蓝色的光带，呈现出一幅迷人的绚丽图景。看到如此绝妙的景色，加加林禁不住脱口而出："多么美丽啊！"

1963年6月16日，苏联女航天员瓦莲金娜·捷列什科娃（图84）独自一人驾驶东方六号宇宙飞船进入太空，同两天前发射的东方五号宇宙飞船共同完成了太空编队飞行任务。她在太空中生活了3天，围绕地球飞行48圈后，于6月19日安全返回地面（图85）。在太空中，她还完成了生物医学和科学技术考察计划，证明妇女也能在太空正常工作。瓦莲金娜·捷列什科娃作为第一位进入太空的女性，开创了妇女航天的历史。

1965年3月18日，苏联上升二号宇宙飞船进入地球轨道，环绕地球飞行。格林尼治时间8时30分，航天员列昂诺夫检查了自己特制的航天服和安全带后，打开飞船密封舱，只身进入了太空。他身穿的桔黄色特制航天服有十几层厚，用于在太空隔热和防辐射。他的头盔上还有通信设备，可以与地球上的人通话。一根5米长的脐带和安全带连在航天服上，脐带可以输送氧气，记录航天员的反应，安全带可以防止航天员飘离。列昂诺夫在太空中停留了24分钟，自由飘浮12分钟，在经历了一系列惊心动魄的险情后，完成了人类历史上第一次太空行走。

苏联航天事业的组织者和开创者：科罗廖夫

作为苏联航天事业组织者和开创者的航天专家科罗廖夫（图86），在苏联和世界航天史上都有着举足轻重的地位，为人类航天事业的发展作出了许多开创性的贡献。但是，就是这样一个重要人物，曾被苏联政府判过死刑，还被流放到西伯利亚服苦役。可以说，科罗廖夫的一生充满了跌宕起伏的传奇经历。

科罗廖夫1906年生于乌克兰，生父早逝。科罗廖夫没能进入正规中学念书，只在著名飞机设计师图波列夫领导的飞机工厂半工半读完成中学和高等专科学校的课程。不过，科罗廖夫的聪明才干受到图波列夫的赏识，经常受到各种指点。1926年，科罗廖夫到莫斯科包曼高等技术学校学习，正式成为图波列夫的学生。

科罗廖夫热爱飞行事业，更向往宇宙航行。1927年，他拜齐奥尔科夫斯基为师，参与组建火箭喷气推进小组的工作，很快成为小组的负责人。1933年，苏联组建世界上第一个喷气科学研究所，科罗廖夫被任命为负责科研的副所长。1936年，研究所成功地设计了苏联的第一代火箭飞机。在科罗

85

廖夫的规划中，还有弹道火箭、带翼的巡航火箭和用火箭推进的载人飞行器。

正当科罗廖夫踌躇满志的时候，肃反扩大化的灾难波及到他头上。1937年，支持科罗廖夫研究工作的苏联军队首脑图哈切夫斯基元帅以间谍嫌疑被处决，科罗廖夫被当作同党处理，定为死刑，流放到西伯利亚服苦役。

图波列夫在肃反运动中也被捕，只是由于苏联当时迫切需要飞机，所以让他继续从事飞机设计工作，并领导飞机工厂的生产。经图波列夫的竭力申请，科罗廖夫最终以“杰出飞机设计师”的名义被调到飞机工厂，从事飞机设计工作。

20世纪40年代初，苏联获得德国在搞火箭的情报，便将科罗廖夫调到另一家工厂，组织人员进行军用火箭研究。科罗廖夫专心致志地从事前线所需要的研究工作（图87），与其他人一起研制了重型轰炸机的火箭起飞加速器、高空喷气歼击机上使用的火箭发动机等。他亲自参加试验飞行，将个人安危置之度外。一次，液体火箭发动机突然爆炸，碎片击伤了他的头部，他被从飞机上救出来时满身血迹，但他却欣慰地说：“好在我亲自参加了飞行，否则就无法了解火箭爆炸时的真实情况，重要的是我找到了发动机爆炸的原因。”

第二次世界大战之后，科罗廖夫利用V-2导弹的资料开展火箭研究，并研制成功了一系列近程导弹、中程导弹、远程弹道导弹和战术弹道导弹，并于1951年8月和10月，两次用地球物理火箭将小狗送入高空。

86

丰硕的成果使这位服过苦役的火箭专家开始受到军政界的重视，而他也不失时机地向最高领导层提出发射人造地球卫星的设想，他的这一建议受到了重视，并获得了高层领导的大力支持。东方一号载人飞船首次进入太空，使这位航天专家的梦想变成了现实。在此后的3年中，他又领导创造了宇宙飞船轨道会合、女航天员太空飞行、多人太空飞行和太空行走等多项“第一”，令世人刮目相看。

到1965年，他又领导发射成功9个月球探测器，4个金星探测器和2个火星探测器。但由于苦役折磨和长期呕心沥血地工作，科罗廖夫于1966年1月14日病逝，没有看到倾注他最后心血的礼炮号空间站上天飞行。

87

踏上月球——巨大的一跃

月球是地球唯一的天然卫星，也是距地球最近的天体。因此，它也成为人类进入太空要征服的第一个目标。近代，科学家借助望远镜对月球进行了观察，矫正了人们对月球的许多错误看法。经过科学家研究和计算，月球距地球约38万千米，半径1740千米，是地球的1/4，质量是地球的1%，引力只有地球的1/6，逃逸速度只有2.4千米/秒，月球上面并不是一马平川，而是有“月海”、“月洋”、“山脉”。

“阿波罗”登月计划

20世纪五六十年代，在和苏联进行太空竞争的技术竞赛中，美国处处落在苏联之后。为了显示美国的科技实力，捞回面子，称霸太空，美国决定实施“阿波罗”登月计划。阿波罗计划是人类第一次登上月球的伟大工程，其目的是把人送上月球，实现人类对月球的实地考察，并为载人行星探测作技术准备。

“我们决心登上月球”，1962年9月，美国总统肯尼迪在休斯敦向人们发出了这一大胆的宣言，“我们所以要选择在这10年中登上月球，并且做种种其他事情，并非因为这些事情很容易，而是因为它们很难做，因为有新的知识需要索取，有新的权利需要获得。但是，为了全人类的进步，（我们）必须赢得这些知识和权利。”

为了实施“阿波罗”登月计划，美国从1961～1967年间发射了一系列无人自动月球探测器，其中包括“徘徊者”探测器、“勘测者”探测器（图88）和“月球轨道器”，为实现载人登月作准备。

89

阿波罗飞船（图89）由指令舱、服务舱和登月舱3部分组成，发射时还有救生塔。飞船总高29米，直径3.6～6.6米，总质量约46吨，由专为载人登月工程研制的巨型运载火箭土星五号送入太空。

88

“阿波罗”计划始于1961年5月，于1972年宣告胜利结束，历时11年。在实施计划的11年间，该计划总耗资约为250亿美元。包括发射无人的阿波罗飞船在内，美国总共发射了16艘飞船，其中有11艘是载人飞船。在这11艘飞船中，有7艘飞船各载3名航天员参加登月飞行，其中有6艘飞船载12名航天员登上了月球表面，12名航天员在月球上总共停留了299小时34分钟，外出到月面的时间为80小时14分钟，带回387千克的月球岩石和月壤标本，在月面上建立了核动力试验站、月震仪等5个科学实验站，向地球传回了大量资料。“阿波罗”登月计划这一震撼世界的壮举，是人类航天史上又一座伟大的里程碑。

踏上月球

1969年7月16日，阿波罗11号飞船载着航天员科林斯、阿姆斯特朗和奥尔德林进入太空（图90）。7月20日，阿波罗飞船经过5天的飞行准备，登月舱在月球表面成功着陆。登月舱着陆6个小时后，美国航天员阿姆斯特朗走出登月舱，率先登上了月球表面。他在踏上月球的尘土时，激动地说道：“对于一个人来说，这只是一小步；可对人类而言，这却是巨大的一跃。”几分钟后，另一名航天员奥尔德林也走出登月舱，踏上月球表面（图91，92）。

两名航天员在登月舱外呆了两个小时，离开登月舱100米远。在这期间，他们在月球上竖起一面美国国旗，搜集了月球上面的石头，钻取了较深处的月岩标本并带回地球（图93）。

这天正好是星期天，地球上大约有5亿人通过电视转播，同这三位登月英雄一起分享了这一巨大的喜悦心情。人们看到，航天员在月心引力下，小心翼翼地在月面上行走，样子好像梦游者，蹒跚而行；随之航天员又像袋鼠那样跳跃前进，其敏捷度又好像羚羊。月球表面到处是粗石、细沙、高地、坑穴、断层和幽谷，那里没有生命，没有空气，单

90

调死寂。在月球上观看星星，比在地球上看得清晰而明亮，而且也不闪烁。

阿波罗飞船是如何到达月球的呢？航天员又是如何离开月球重返地球的呢？

他们的登月过程是：当飞船进入地球轨道并围绕地球飞行后，确定飞向月球的轨道，然后朝月球飞去，直至围绕月球飞行。飞船内乘坐3名航天员，即一名指令长和两名登月航天员，他们都在指令舱内。指令舱前端对接着登月舱，后端与服务舱相连。在环绕月球轨道上飞行并准备登月之前，指令舱和登月舱分离，指令舱内只留一名指令长，两名登月航天员转移到登月舱中。登月舱与指令舱分离后，借助减速火箭在月球表面降落，而指令舱仍在绕月球轨道上飞行。登月舱分上升段和下降段，登月时其下降段利用反推火箭在月面实施软着陆，然后航天员出舱在月面上活动。

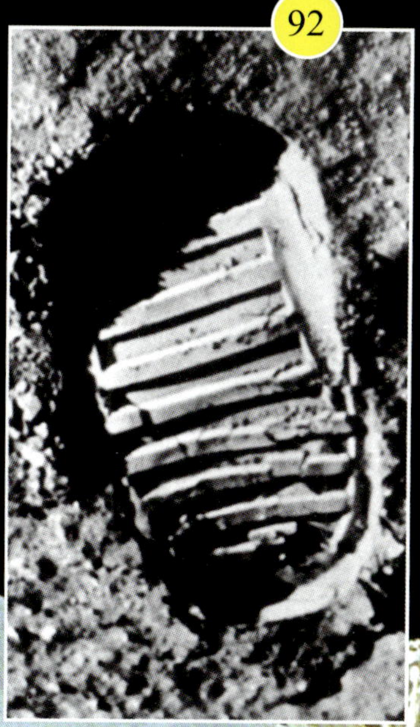

登月飞船返回地球时的过程是：登月航天员在月球表面完成任务后返回登月舱，登月舱上升段点火，起飞进入月球轨道，下降段留在月面上；登月舱与在环月轨道上飞行的指令舱对接；接着，航天员进入指令舱，并在月球轨道上甩掉登月舱；此后，指令舱与服务舱一起返回地球轨道；在进入环绕地球轨道后，甩掉服务舱，指令舱只身进入地球大气层，在地球指定区域着陆回收。

太空运输机
——航天飞机

载人飞船是开创载人航天历史的载人航天器。这种航天器用一次性火箭发射，发射费用少，结构简单，用途也较广，既可作为载人于天地之间往返的运输工具，又可作为空间站的救生艇。但载人飞船的缺点是只能使用一次，返回舱在返回地球的过程中，与空气摩擦产生高热，一路燃烧着穿过大气层，虽然航天员安然无恙，但返回舱在着陆后无法重复使用。因此，航天员每次太空飞行，都需要一艘新的飞船。

能不能研制出一种像飞机一样可以重复起降和重复使用的航天飞机呢？

20世纪七八十年代，美国、苏联、法国和日本等国相继开始研究航天飞机。苏联研制的暴风雪号航天飞机于1988年进行了未载人的太空试飞，但由于技术和经济等原因以及国内政局动荡，至今未进行第二次起飞。到目前为止，只有美国研制的航天飞机真正投入使用。

1981年4月12日，美国研制的世界第一架航天飞机哥伦比亚号(图94)成功进入太空。这一天也是20年前苏联航天员加加林乘东方号飞船首次进入太空的日子。美国航天飞机首航的乘员组由50岁的驾驶员约翰·扬和43岁的罗伯特·克里平组成。他们在近地轨道飞行了54小时30分钟，绕地球36圈，考验了航天飞机各个系统的性能，然后安全返回地面。哥伦比亚号航天飞机的研制成功，使人类的航天事业又前进了一大步。

美国航天飞机研制过程中，解决了一个重大技术问题，那就是航天飞机的机身覆盖有3万块高耐热性的防热瓷砖，它保证了航天飞机在返回大气层飞行的过程中不被高热烧坏。哥伦比亚号航天飞机首航成功后，美国又相继研制了4架航天飞机，其名称分别是挑战者号、发现号、亚特兰蒂斯号和奋进号，其中挑战者号航天飞机在1986年1月28日升空后爆炸，哥伦比亚号航天飞机于2003年2月1日在返回着陆前16分钟解体坠毁。

95

96

航天飞机作为美国30年来主要的载人航天器，经常往返于太空和地球之间，提供了在空间进行短期科学实验的手段，获得了众多的科学成果。

1985年4月29日，王赣骏乘坐挑战者号航天飞机升空，成为第一位进入太空的华裔航天员(图95)。到目前为止，已有4名华裔航天员乘坐航天飞机进入太空，其中张福林参加了7次航天飞行。

焦立中(图96)成为第一位进行太空行走的华裔航天员，而且在他的第四次太空飞行中，在太空居留了192天。第四位华裔航天员卢杰参加了3次航天飞行，最后一次创造了207天的太空飞行纪录。

航天飞机由轨道器、固体燃料助推火箭和外贮箱三大部分组成(图97)。固体燃料助推火箭共两枚，发射时它们与轨道器的三台主发动机同时点火，当航天飞机上升到50千米高空时，两枚助推火箭停止工作并与轨道器分离，回收后经过修理可重复使用20次。外贮箱是个巨大壳体，内装轨道器主发动机用的推进剂，在航天飞机进入地球轨道之前主发动机熄火，外贮箱与轨道器分离，进入大气层烧毁。外贮箱是航天飞机组件中唯一不能回收的部分。航天飞机的轨道器是载人的部分，有宽大

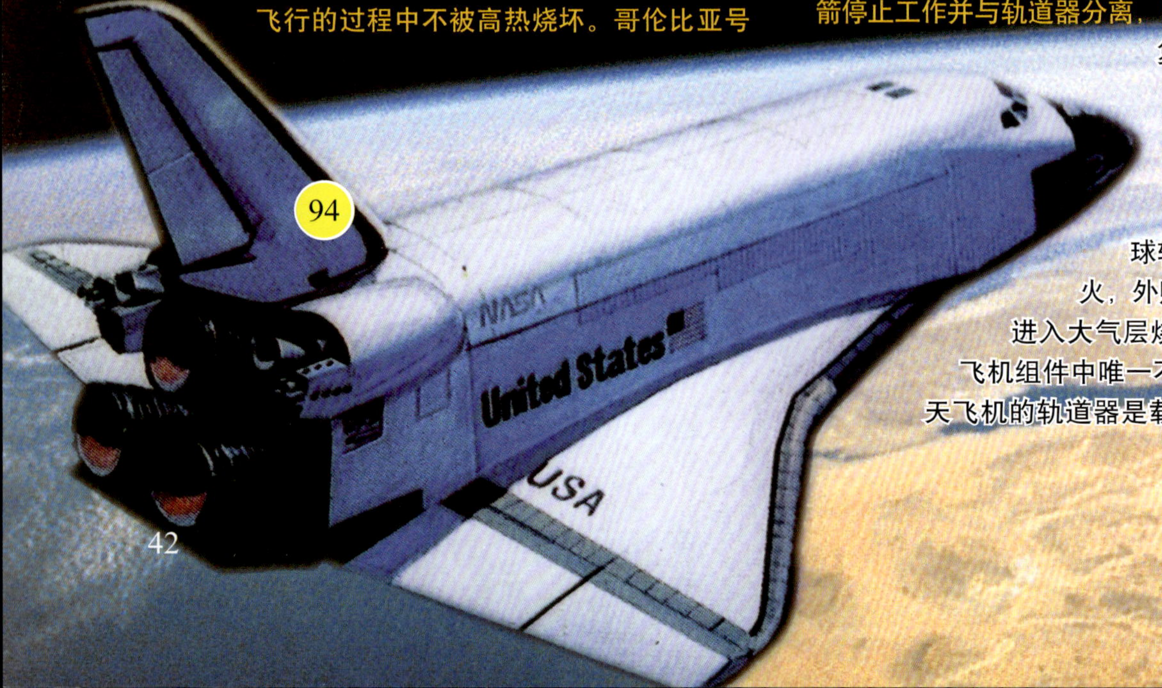

94

的机舱，并可根据航天任务的需要分成若干个“房间”。其上有一个大货舱，可容纳大型设备。轨道器可乘载3名职业航天员和4名非职业航天员，其舱内气体为氮氧混合气体。航天飞机在太空轨道完成飞行任务后，轨道器下降返航，像一架滑翔机那样在预定跑道上水平着陆。轨道器可重复使用100次。

航天飞机是垂直起飞、水平降落的载人航天器，它以火箭发动机为动力发射到太空，能在轨道上运行，且可以往返地球和近地轨道之间，是世界上第一种也是唯一一种可部分重复使用的航天器。

航天飞机除可在天地间运载人员和货物之外，还能在太空中进行大量的科学实验和空间研究工作。它可以把人造卫星从地面带到太空去释放，或把在太空失效或毁坏的无人航天器，如低轨道卫星等人造天体修复后再投入使用，甚至可以把欧洲空间局研制的庞大“空间实验室”装进舱内，进行各项科研工作(图98)。

哈勃太空望远镜(图99)是最先进的天文望远镜，重12吨，运行在高587千米的地球轨道上。在1990年由发现号航天飞机送入太空后，由于制造失误，导致望远镜的成像模糊，太阳能电池板也有故障，哈勃太空望远镜不能充分发挥作用。1993年12月2日至13日，美国奋进号航天飞机发射升空，机上的7名航天员进行了艰难的太空操作，成功地修复了哈勃空间望远镜。

这次行动开创了人类在太空修复大型航天器的先例，对于远征火星或其他航天活动来说，在太空修复和组装航天器具有特殊的作用，在航天技术上具有重要意义。

修复“哈勃”(图100)是在敞开的货舱中进行的，需要航天员以太空行走的方式来完成。在修复“哈勃”望远镜的过程中，航天员操纵航天飞机上的机械臂，将“哈勃”拉进货舱并固定住，航天员分成两组轮流到平台上工作，为“哈勃”更换了11个部件，共在太空中行走了5次，在开放的空间共逗留35小时28分钟，创造了航天史上的新纪录。

从1993年12月到2009年5月，美国共有5次派遣航天员乘航天飞机到太空，通过太空行走，出色地完成了维修哈勃太空望远镜的任务。

小资料：

航天飞机

美国航天飞机从1981年4月首飞到2011年7月谢幕，共有5架135次飞行，其中“哥伦比亚号”飞行28次，“挑战者号”飞行10次，“发现号”飞行39次，“亚特兰蒂斯号”飞行33次，“奋进号”飞行25次。30年间乘航天飞机飞天的航天员达到355人800多人次，航天飞机飞天行程达8亿多千米，运送货物1750多吨，开展了上万次科学实验活动。航天飞机尽管已经退役，但它在载人航天史上书写了一页灿烂的篇章。

人在太空中的生活

航天员面对的太空生存环境

太空是一个超低温、强辐射、高真空的环境，自宇宙大爆炸后，随着宇宙的膨胀，温度不断降低，虽然有恒星向外辐射热能，但太空总体上是一个高寒的环境，经过研究计算，太空的平均温度为－270.3℃。

在太空中，不仅有宇宙大爆炸时留下的射线，天体也向外辐射电磁波，许多天体还向外辐射高能粒子，形成宇宙射线(图101)。太空中高速运

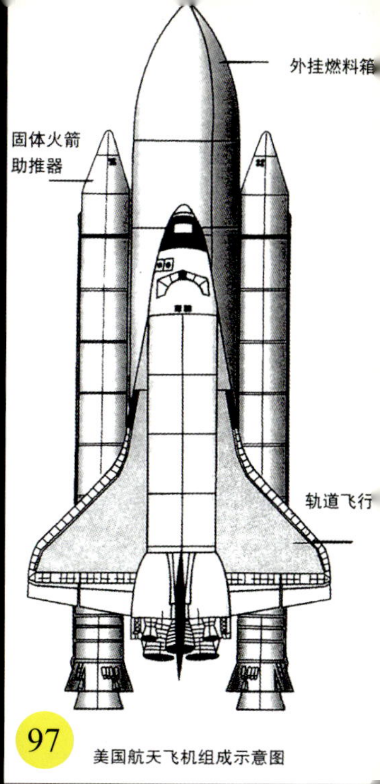

97 美国航天飞机组成示意图

98

99

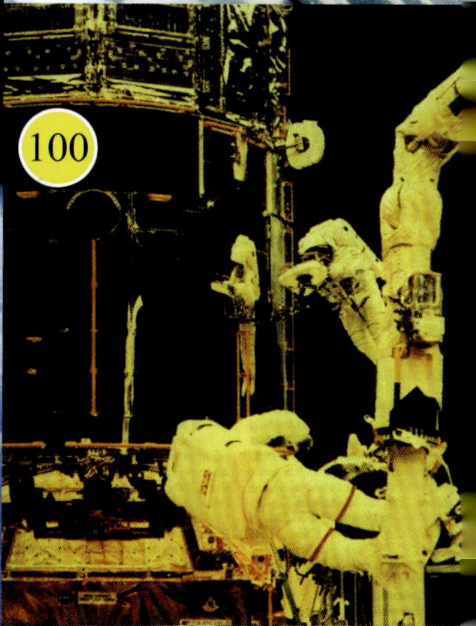
100

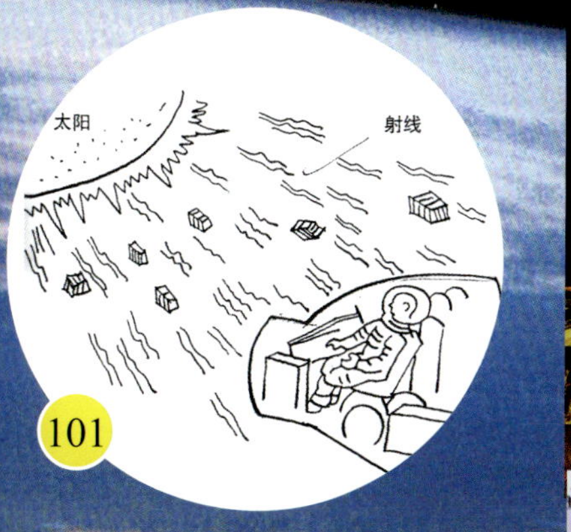

101

102

103

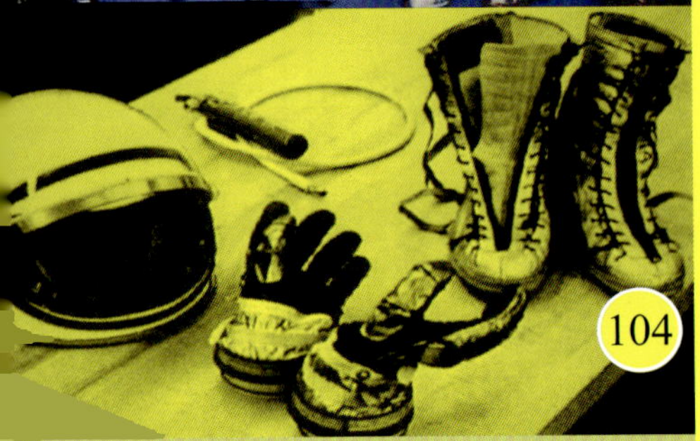

104

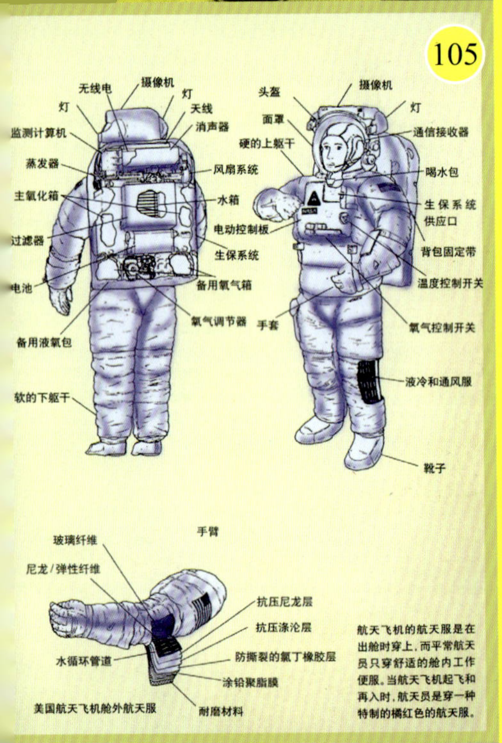

105

航天飞机的航天服是在出舱时穿上，而平常航天员只穿舒适的舱内工作便服。当航天飞机起飞和再入时，航天员是穿一种特制的橘红色的航天服。

106

动的尘埃、微流星体和流星体，也是载人航天器面临的一个挑战，这些尘埃和流星体具有极大的动能，1毫克的微流星体可以穿透3毫米厚的铝板。

在太空飞行的航天器，除遇到上述自然环境外，还有航天器产生的环境，如在轨运行时产生的失重和微重力(图102)，航天器起飞和返回时产生的超重，运载火箭点火和熄火时产生的剧烈振动，航天器在轨运行和穿越大气层时与空气分子剧烈摩擦产生的极高温度环境。航天器在轨运行时，受阳光照射的一面温度高达100℃，背阴的一面温度低至－100℃～－200℃，而穿越大气层时，航天器外表局部温度则高达数千摄氏度。

为了保障航天员在太空中能够生活和工作，必须把地球上人生存所需要的基本条件带到太空中去，如水、食物及人体需要的压力、温度、湿度、氧气和卫生条件，此外，还要对飞船舱内防火、防噪声、防辐射、隔热等问题作出妥善的安排。这都是航天员系统包含的内容。

结构复杂的航天服

航天服是为航天员适应太空环境而特制的防护救生装备。航天服有很多种，但无论哪种航天服都由多层组成，它们相互连接为一个整体服装，各层质量要求特别严格，既要轻便，还不能过厚，以免影响航天员的行动(图103，104)。

航天服一般由以下几层组成：第一层是内衣裤，选用纯棉或棉麻布制成。第二层是保暖层，它和内衣裤结合，选用羊毛制品或合成纤维片（有人称之为太空棉）制成，起保温和隔热作用。第三层为通风散热层，其结构比较独特，由很长的微细管道连接在衣服上制成。在人体与外界隔绝的情况下，它可以把人体产生的热、水和气味带出去。第四层是气密加压限制层，它既要充气加压，使身体有足够的压力，不能漏气，又不能使服装过于膨胀，防止外界磨损，还要使各关节活动自如，所以这一层结构的选材和设计都比较困难，是航天服的关键层。第五层为隔热层，也叫真空隔热层。舱内航天服可以不加这一层，但舱外航天服必须有这一层。它是由5～7层涂铝的聚酯薄膜构成，各膜之间用网络物隔开，贴在一起形成屏蔽，有良好的隔热和防辐射作用。最外边的一层是外罩层。这个外罩要求防磨损力强，耐高温，除防护内部各层不受损坏外，还要使用特定的颜色，一般用白色或金黄色为好。

舱外航天服(图105)还要加上以下三层：一是真空隔热层，用于保护航天员在舱外作业或在月球与其他星体表面活动时，不受舱外环境过热、过冷的侵袭，防止服装内部的热量散失。二是液冷层，它是将舱内航天服通风散热层管内的气体改为液体制作成的。航天员在舱外作业，有时长达几个小时，身体产生的热量多，靠气体散热达不到要求，液态冷却就可很好地将热量散发掉。三是最外层，它除要有防高热、防磨损和保护内部各层的功能外，还要有防太阳辐射的功能和连接其他装具的接口。例如，与航天员在舱外活动时的脐带相连接（航天员所需要的氧气、压力、温湿度等条件由载人航天器通过脐带提供，但这种方式现在已不再使用），与背携式生命保障装备（航天员的生命保障全部由背携式生保装备和航天服提供，不需再与航天器连接）、太空机动飞行机构的连接等。航天服内部还设有废物收集装置，用于在紧急情况下收集、贮存和输送大小便。

107

航天服的头盔壳要有强度大、抗冲击力强和足够的耐热性等优点。其面窗部位应有良好的光学性能。头盔内腔壁有硬衬垫和软衬垫，衬垫上镶有细管道，兼有减震、隔热、消声、通风和供氧等功能。其内腔要适于戴通讯头盔，还要留安装生理测试部件、排出人体呼出的二氧化碳和水汽的空间。除上述要求外，面窗还应有良好防雾、去湿措施，因为航天员出舱活动时，会遇上－150℃的低温，面窗内的温度也会下降。当降到空气露点以下时，面窗上就会结雾，妨碍航天员的视线。1966年，美国双子星座9号飞船的航天员在太空用载人机动装置飞行时，因面窗起雾看不清外边的情景，未能完成太空行走的特定航天任务(图106)。

颈圈是连接服装与头盔的关键部件，它要求穿脱方便，具有良好的气密性和连接强度。在紧急情况下，还能使航天员本人进行快速断、接、锁紧等操作，便于及时与头盔或服装断开或连接。

航天员在太空中的日常生活

航天员在太空中吃些什么呢？这就是为航天员研制生产并严格包装的特定食品，即航天食品(图107)。航天食品是根据航天食谱制成的，其中必须包含足够和完善的营养，如每天所需的蛋白质、脂肪和糖等，并保证含有钙、磷、镁、钾等主要无机元素，还要含有铁、锌、硒、碘等微量元素，以及各种微生素。航天食品必须符合卫生学要求，以防止食物引发疾病。航天食品还必须进食方便，容易长期贮存，并能经受航天器上升段的振动、冲击和加速度负荷而不致破碎。航天食品有几种：(1)即食食品，这种食品含有中等水分，不需加工，拿过来就可以吃。(2)复水食品，这种食品是冷冻干燥食品，轻而且小，食用前必须复水，它的包装袋上都有一个单向入水阀门，以便复水，复水后即可食用。(3)热稳定食品，这类食品是经过加热灭菌处理的软包装和硬包装罐头食品。这类食品占航天食品的比例较大，如苏联的礼炮6号空间站中，这种食品占80%左右。(4)冷冻冷藏食品，这类食品是在地面上冻好带进太空的，融化后即可食用。(5)自然型食品，这是地面上没经过处理的食品，如新鲜水果、蔬菜、面包、果酱和调料等。(6)复水饮料（冲剂或软固体饮料），它是在太空加水溶解后制成的冷饮和热饮。在包装上，美国早期用复水饮料袋，后改用折叠塑料瓶和方形复水包，以便用吸管吮吸(图108)。

太空是一个失重环境，铅球可以浮在空中，羽毛也可以沉入水底。人在太空中轻轻碰一下舱壁，就会像一根羽毛一样飘走，直到碰到其他物体，再被弹射回来。

在太空舱中，人走路会变得很奇特，可以飞或跳着走，并且没有正倒之分，既可以在地板上走，也可以在天花板或墙壁上走。为了让航天员有上、下之分，航天工程师给航天员设计了一种能插在航天器地板上三角空格里的鞋，从而使航天员可以固定在地板上走路。

失重也给航天员生活带来很多不便。比如，航天员在太空睡觉就是一个问题。在太空中，人可以站着睡觉(图109)，也可以倒立着睡觉，因为那里没有可依托睡觉的床，只能在飘动中睡觉。初入太空，航天员大都不习惯，总觉得身子下边没有依托，有一种要掉进万丈深渊的恐惧感。为了让航天员能在太空中睡个好觉，美国航天飞机上有一种睡袋，可以固定在舱壁上、天花板上或舱内其他角落里，人钻进睡袋里，就可以安心入睡了(图110)。

在太空中，吃饭也不是一件轻松的事，因为自己在往嘴里送食物的时候，手好像不太灵活，总是将食物送错位置，不是送到鼻子上，就是往眼睛里送。最好的办法是将食物放在空中，人飞过去用嘴凑上去咬住它，好像小鸟在空中吃飞虫一样。另外，吃饭的时候要闭着嘴吃，否则食物渣子会在空中飘浮不落，很难清除，如果航天员将这些渣子吸入肺中就麻烦了。

在太空中喝水也不容易，因为水在太空中是不流动的，不像在地面那样往低处流。要喝水时怎么办呢？太空中的饮用水和食品一样，也是用密封袋包装的，可用软管或对着袋嘴挤着喝(图111, 112, 113)。如果是固体饮料，就得用一种“水枪式”的工具往袋里注水。在太空中，固体还不能自然溶解于水，须加力才能使其溶解。

在太空中大小便也不是简单之事。载人航天器上都有“厕所”和大小便的收集装置，但使用起来很不方便。美国航天飞机上的大小便装置设在一个卫生间内，航天员大小便时坐在便盆上，有一条束带将人和便盆固定在一起，通过特殊装置将大小便收集起来。美国航天飞机第12次飞行时，由于航天飞机上卫生间小便装置出口处结了冰，堵住

108

109

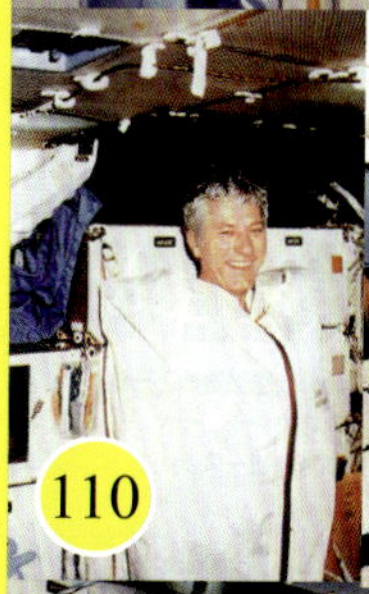
110

111

112

113

114

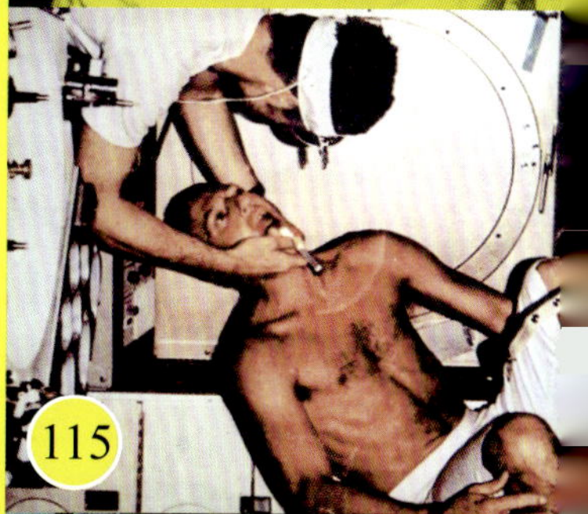
115

116

了厕所，机上6名（5男1女）航天员陷入窘境。经请示地面指挥中心后，除1名女航天员可以继续使用原厕所外，其他5人一律使用备用的大小便收集袋进行大小便。这种意外情况，给航天员生活带来了极大的不便。

此外，在太空中洗脸、漱口、刷牙、刮胡子和洗澡等处理个人卫生的活动（图114，115），也困扰着航天员。比如洗澡，航天员在洗澡前要先戴好呼吸器、耳塞、护目镜，然后像潜水员一样钻进不透水的强力尼龙布制成的圆柱形淋浴罩中，待密封后呼吸器与外界相连。淋浴罩中顶部有水箱、喷头和加热器，由于没有重力，水不会自动从喷头中流出来 必须要给水箱加压，使水通过喷头喷出来。洗完澡的水还要被净化器吸附装置收集到废水箱中，经净化后再重复使用。

人在失重环境中长期生活，会引起肌肉松弛，骨钙丢失，而且由于不用力，所以体力消耗很少。为了保持体力，就必须使全身的肌肉有收缩运动的机会。在太空中，航天员要利用各种器械进行锻炼，如在跑台上跑步，骑自行车，用弹簧拉力器锻炼臂力（图116）。

总之，人在太空中的生活和地面有很大不同。虽然航天员的有些生活活动在我们看来很有趣，但航天员必须要克服很多困难才能实现，因此，很强的适应能力和耐心细致，是每一个航天员必须具有的品质。

117

118

和平号空间站：复杂的“人造天宫”

在所有的空间站中，值得一提的是和平号空间站。

和平号空间站是在太空飞行时间最长的空间站，也是苏联/俄罗斯的第三代空间站。

1986年2月20日，“和平号”核心舱发射升空（图117）。3月13日，由索洛维耶夫和基齐姆两名航天员组成的第一乘员组飞抵“和平号”，从此“和平号”开始了载人飞行。

1986年3月31日，“和平号”第一个模块“量子1号”舱发射升空，并顺利与核心舱对接（图118）。以1986年2月20日核心舱发射入轨为和平号建站标志，到1996年组建完毕，“和平号”空间站最后由6个模块组成庞大的轨道综合体，重达137吨，内部空间达400立方米，各种科学仪器重达12吨。

在太空飞行的15年中，“和平号”核心舱曾与

119

联盟号载人飞船、进步号货运飞船、量子1号、量子2号、晶体号、光谱号、自然号实验舱对接，进行了大量的科学实验。2001年3月23日，经过15年的太空飞行和超期服役，为人类航天事业作出了重大贡献的和平号空间站，在地面指挥和控制人员的指令下，安全顺利地坠毁在南太平洋海域，走完了它15年的生涯。

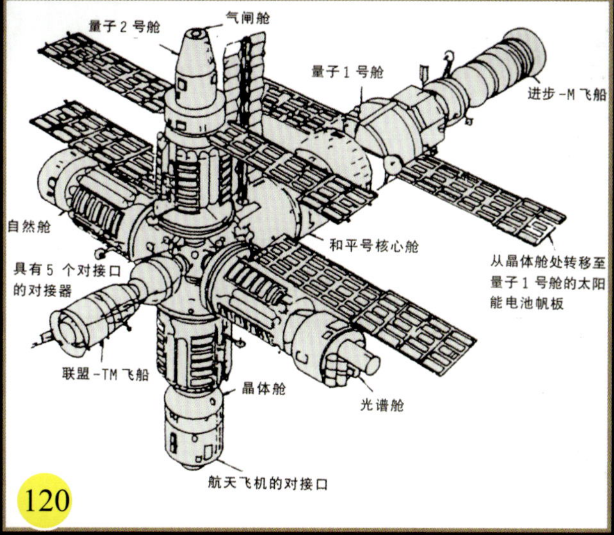

120

和平号空间站的真面目

“和平号”(图119)是人类航天史上第一个在太空飞行了15年的多模块、多功能空间综合体，有人用“人造天宫”来赞誉它，这并不夸张。“和平号”的成功建造，意味着人类可以到地外空间进行建设，可以走出地球，走向宇宙。

量子1号舱，又称天文物理舱。它是用来进行天文物理研究的舱体，由密封的试验区和非密封的仪器区组成；另外，它有2个对接口，一个用于与核心舱对接，另一个通常用来停靠进步号货运飞船。

量子2号舱，也称装配舱。它装备多种科学仪器和设备，用以保证航天员进入太空，从事太空行走，进行各种科学研究和实验工作。

晶体号舱，也称工艺舱。它主要用来进行微重力材料实验，内部装有6台晶体生长熔炼炉、4台用于制造新药的电泳装置，还有2台照相机。该舱装配有2块太阳能电池板。

光谱号舱，也称遥感舱。原计划用来作地面监测，包括对地球自然资源、大气层、空间站外表大气、近地空间自然和地球物理变化过程等进行研究。它装配有4块太阳能电池板，可为和平号提供补充能源。它原计划用于监测导弹发射技术和外空情况。该舱内部装有生物医学和大气探测仪、计算机、离心机、测力仪等(图120)。

自然号舱，又称地球观测舱。它是俄罗斯最先进、最复杂的地球观测航天器。它的用途与光谱号舱十分相似，主要用来对地球陆地、海洋和大气进行综合研究。后来该舱成为俄罗斯在和平号上唯一的一个用来研究自然资源和大气物理状态的舱体。

“和平号”平时可容纳3名航天员长期在轨作业，最多可同时接待10名航天员。平时其上面停靠看联盟号载人飞船和进步号货运飞船，还可接待到访的美国航天飞机。

从科学角度讲，近12吨的先进科学仪器已经把“和平号”武装到了牙齿。它的确堪称人类太空科学宫殿。近12吨重的科学仪器分别来自世界27个国家，种类超过140种。其中有：由24种地球观测仪器组成的自然科学综合体，由6台电镜、光谱仪组成的天文台和6个医学诊断综合体以及材料、生物工艺仪器等。可以说，“和平号”荟萃了世界最先进的科学仪器。科学家能够利用这些科学仪器进行十大科技领域的基础研究和应用研究，包括空间生命科学、微重力实验、天体物理研究、地球观测等。有许多科学家形容，“和平号”是人类科学的精典之作(图121)。

和平号空间站的重大贡献

“和平号”轨道综合体是空前的，它上面开展的一切活动都是史无前例的。“和平号”上的每一项实验、每一项成果都可载入人类航天史册，哪怕是失败的教训，对推动探索宇宙的人类来说都是极其宝贵的。

据统计，科学家在“和平号”上总共完成了约6200次天文物理学实验，发现了超1987埃的刚性伦琴射线，并仔细研究了“KS”伦琴射线，研究了银河系中心。在自然资源研究及生态监控方面，“和平号”航天员利用新仪器在光谱的各个谱带中对地球1.25亿平方千米的表面进行了拍照，建立了光谱测量和无线电测量信息的影像资料库。利用“和平号”15年的飞行，俄罗斯科学家确定了适于用来建造长期轨道综合体的材料，还进行了太空缆绳发电试验、空气环形天线试验、阳光反射镜试验，进行了“和平号”与水下核潜艇激光通讯试验等。

121

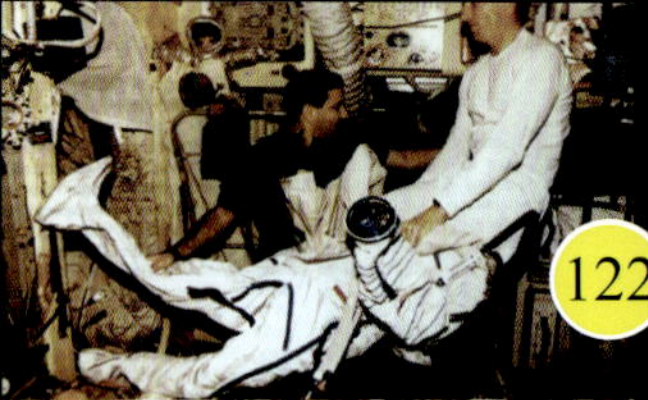

122

123

124

125

“和平号”在其运行期间，还完成了许多长期研究计划，在总共31200次科学实验或研究中有7600次为国际合作项目。所以，在某种程度上，“和平号”成为太空的国际科学实验室。

15年中，总共有28个长期航天员乘组在“和平号”上工作过，空间站还接待了16个短期考察组。15年里，总共有104名航天员访问过“和平号”（图122，123，124，125，127，128），其中包括美国、德国等11个国家的62名航天员。“和平号”先后109次与载人飞船或货运飞船进行对接，其中70次为货运飞船，30次为载人飞船，9次为美国航天飞机。俄罗斯航天员波利亚科夫在“和平号”上创造了太空连续生活438天的世界纪录；通过“和平号”，航天员共进行了78次太空行走，共计364小时。

据俄航天部门资料，通过无线电遥测通道从“和平号”传回地面的科技信息量，若用普通计算机软盘存储的话，需要100多万张，可以堆满40个100平方米大小的房间；运回实验实物4700千克。“和平号”运行的15年中花费了上百亿美元，数字惊人。而专家评论说，“和平号”所取得的辉煌科技成就是无价的。

和平号空间站的多舛命运

1986年3月31日，“和平号”第一个模块量子1号舱发射升空，并顺利与核心舱对接。接下来，应该把另外4个舱体发射上去，以便全面开展科学实验。可是由于“和平号”项目开支太大，经济开始衰败的苏联只能保证支持“和平号”连续进行载人飞行，无力按期完成“和平号”建设。1989年，量子2号舱才发射入轨；1990年，晶体号舱入轨。

1991年苏联解体，冷战结束。“和平号”从苏联时代飞进了俄罗斯时代。此时，美国打起了载人空间站的算盘，首先盯上的是财力虚弱，但载人航天技术高超的俄罗斯。在这种情况下，俄罗斯把美国的橄榄枝和美国的“绿元”（美元）一并收下。从1991年春到1998年夏，“和平号—航天飞机”、“和平号—NASA”计划执行了7年多，“和平号”也吃足了“洋饭”。在这期间，“和平号”彻底完成了建设任务，1995年，光谱号舱升空入轨，而且在光谱号舱上装载的大都是美国的科学仪器。1996年，“和平号”空间站和最后一个自然号舱对接，“和平号”苦苦等了近10年，组建计划才得以最终完成（图126）。

从1998年夏末开始，随着对外合作计划的结束，“和平号”开始粮草不保，政府开始考虑沉掉和平号。但在俄罗斯能源公司总设计师谢苗诺夫呼吁下，政府决定授权能源公司对“和平号”实施商业化运营。没想到，这条路崎岖坎坷，无果而终。无奈，“和平号”于1999年8月28日进入

126

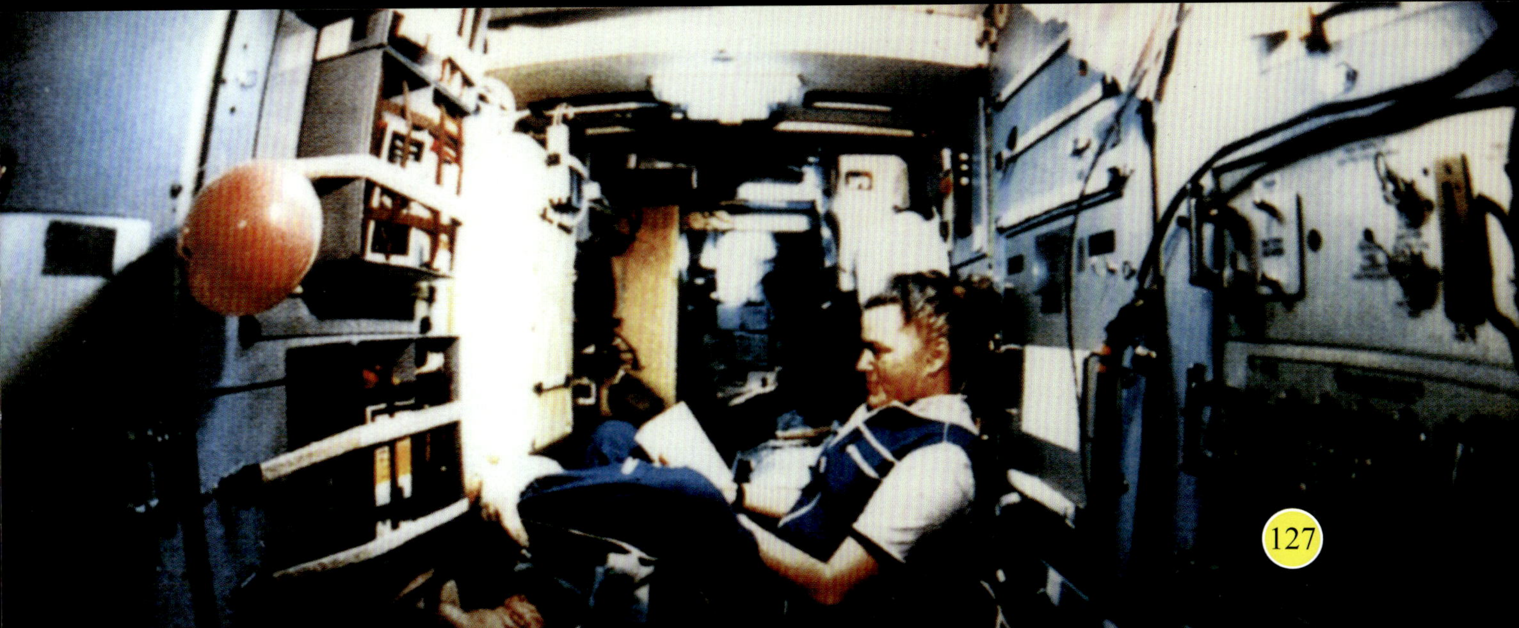

127

无人驾驶飞行状态，后来虽有航天员上去料理了一段时间，但不久它又回到了孤独飞行状态。

三次重大事故让“和平号”伤痕累累。1994年1月，载乘航天员齐布利耶夫的联盟TM—17号飞船在环绕“和平号”做最后的飞行时，不知何故与“和平号”发生了撞击，庆幸的是这次事故没有使航天员受到伤害，“和平号”站体和飞船也没有造成严重的结构损伤，但是碰撞是巨大的，留下了无法发现的隐患。1997年2月，“和平号”发生了一场大火，在站上的航天员齐布利耶夫和拉祖特金奋力扑救，花了整整一夜的时间才把大火扑灭，从那以后，好长时间他们不得不戴着防毒面具工作。1997年6月25日的太空碰撞事故，给“和平号”造成致命伤害。当时一艘停靠在“和平号”上的进步M—34号飞船为了给即将发射的进步M—35号飞船腾位置，进行空中调车，结果，进步M—34号在调车时失控，直接撞向光谱号舱。这一撞击可以说伤害了“和平号”站体结构。当时光谱号舱上的太阳能电池板被撞坏，光谱号舱失去密封性，氧气大量泄出。后来，经过种种努力也没有修复这次创伤。光谱号舱从那以后就彻底关闭了，太阳能电池板也被切断，脱离了电力系统。

到了2000年年底，当人类社会就要跨越新世纪门槛之时，俄罗斯政府终于痛苦地给“和平号”做了死亡判决。专家们认为，除了几次事故给“和平号”空间站造成伤害，“和平号”设计上也存在问题。电力系统设计上的缺陷，造成供电能力严重不足，影响了“和平号”发挥效能；往返运输系统运力不足，无法完全回收站上货物；姿态调控系统存在问题，能源无法合理利用，造成浪费过大，导致供给次数增多。由于设计问题，导致费用增加，再加上政府对“和平号”资金支持不够，站体结构老化程度不一，故障频发，利用率下降。技术上的缺陷，不仅导致几次致命的事故发生，也影响了“和平号”飞行寿命。

在“和平号”处于无人驾驶状态飞行过程中，发生了一次让世界感到震惊的事故。2000年12月底，“和平号”突然从俄飞行控制中心监视屏上消失，24小时杳无音信。这一事故让俄飞行控制中心专家不知所措，庆幸的是“和平号”后来又回应了地面的呼叫。否则，“和平号”成了断了线的风筝，不知会飘落何方。

在2001年3月23日坠毁“和平号”之前，俄飞行控制中心专家说，“和平号”该坠毁沉没了，趁着它还没有丧失控制能力，别让它失控伤害人类。

在“和平号”残骸坠入大海后，俄中央机械制造研究所所长安菲莫夫不无惋惜地说，再修一修“和平号”还可飞3年。不过，他话音一转道：问题太多，修理费太大，不值得了……

“和平号”坠入南太平洋，标志着它的生命已完全结束，但是，为人类航天事业作出了重大贡献的和平号空间站，其辉煌业绩将永载史册。

128

航天史上的重大事故

132

人类的航天事业不是一帆风顺的。自从1961年人类进入太空以来，在50多年的载人航天过程中，由于各种原因，发生了数十起重特大事故，有21名航天员为此献出了宝贵的生命。

美国阿波罗4A号飞船的3名航天员在地面做实验时，由于舱内失火，舱门打不开而被活活烧死(图129)；苏联联盟11号飞船在完成航天任务返回地面的过程中，3名航天员由于舱体漏气形成快速减压不幸遇难；联盟1号飞船在返回地面过程中，由于飞船降落伞伞绳缠绕，伞未张开，飞船快速坠地，导致航天员死亡；美国水星1号飞船返回时，由于未能落入预定水域里，使营救人员寻找了近3个小时才把航天员救回；联盟T-10号飞船在发射后1分多钟时，火箭起火爆炸，幸好船内航天员启用了飞船上的逃逸装置，弹射出事故现场才得获救；1986年，美国挑战者号航天飞机升空1分多钟时在空中爆炸，7名航天员全部牺牲，这次事故导致美国航天飞机停飞32个月(图132)。

解体：仿佛发生在昨天的航天灾难

美国当地时间2003年2月1日9时，载有7名航天员的美国哥伦比亚号航天飞机在结束为期16天的太空任务之后，返回地球，但在着陆前发生意外，航天飞机瞬间解体坠毁(图130)。发生意外时的飞行高度为60千米，时速为20000千米。

129

美国当地时间2月1日下午2时，美国总统布什就哥伦比亚号航天飞机失事一事，向全国人民发表了演说。他在演说中称，此次事件对整个科学界和这些航天员家属来说，是一个悲剧(图133)，全国都感到悲哀。虽然美国损失了哥伦比亚号航天飞机和7名优秀的航天员(图131)，但美国将继续进行探索太空的工作。

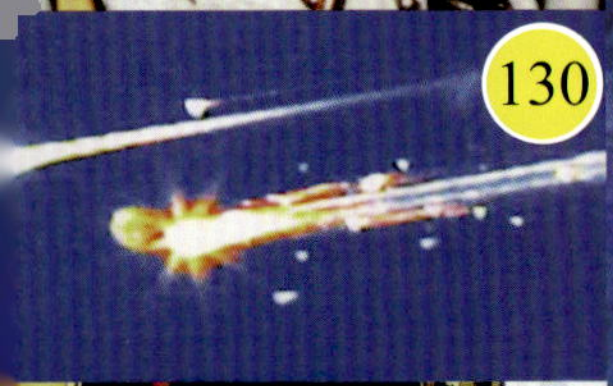

130

131

负责调查美国哥伦比亚号航天飞机解体之谜的独立委员会2月6日宣布，对种种数据进行综合分析后，各方一致认为，这架航天飞机左翼在起飞时，遭到从燃料箱上脱落的泡沫绝缘材料撞击，结果造成机体表面隔热保护层出现了大面积松动和破损。航天飞机在返航途中，进入大气层后，在经过夏威夷上空时，超高温空气开始从遭到撞击部位形成的缝隙中入侵机体内部，最终导致哥伦比亚号彻底解体。可以说，哥伦比亚号在升空时就为返航途中发生的灾难埋下了祸根。

此次在哥伦比亚号上遇难的7名航天员分别是：里克·赫兹本德、威廉·麦克库尔、麦克尔·安德森、大卫·布朗、凯尔帕娜·乔拉、劳里尔·克拉克以及以色列人伊兰·拉蒙。但“陪伴”航天员进入太空进行科学实验的数百条蠕虫，竟然躲过了哥伦比亚号解体之难，在经历了高温烈火和高速坠地等多重考验后，成为航天飞机残骸中“唯一幸存的生物体”，且继续在完全封闭条件下“生儿育女”。美国航空航天局在事故发生后强调，因哥伦比亚号事故而集体停飞的美国航天飞机，经过改进后仍将重返太空，继续进行有关的探索活动。

一次失败性的成功
——阿波罗13号飞船的救生传奇

还有一次惊险事故，发生在美国阿波罗13号飞船奔月途中，由于半途中飞船的服务舱储氧箱发生爆炸，航天员处在危难之中。后来，经过地面科学家和太空中航天员密切配合和努力，航天员历经千难万险最终返回地面。这次航天救生成功，在世界航天界传为佳话，被认为是一次失败性的成功。

1970年4月11日，阿波罗13号飞船从美国肯尼迪航天中心顺利升空。船上有美国航天员洛弗尔、斯韦格特和海斯3人(图134)。在围绕地球轨道飞行后，他们顺利地朝月球方向飞去。但是，在离地球大约30万千米的奔月途中，飞船服务舱中的第2号储氧箱突然发生爆炸，把服务舱炸开了一个大口子，氧气全跑光了，指令舱内的压力也随之急剧下降，电气、供水均被停止，航天员的生命危在旦夕。

地面指挥中心得知这一消息后，立即组织人力与太空上的航天员一起研究对策。刚好，在阿波罗13号登月飞船上备有两套生命保障系统，即服务舱和登月舱各有一套生命保障系统，但飞行中一般是不许使用登月舱中的生保系统的。然而，当时情况紧急，所以船上的3名航天员在地面指挥的协调下，首先利用登月舱来维持生命。由于登月舱只有两个人的位置，故只好让一名航天员躺在过渡段中。

此举使他们的命是暂时保住了，但下一步怎么办？登月是没有希望了，能否安全返回地球是当务之急。这时，美国约翰逊航天中心和肯尼迪航天中心经过12小时的紧张模拟、计算和分析后作出决定：飞船借助月球引力，继续向月球飞行，待飞到月球背面时，再启动登月舱发动机，进入返回地球的轨道。

经过地面指挥与太空中的航天员共同努力，航天员克服了饥饿、寒冷和少电等许多困难，终于在第6天乘飞船飞回地球轨道。在再入大气层之前，飞船甩掉了服务舱，3名航天员再次进入指令舱，在与登月舱分离后返回地球表面，落入太平洋水域（图135）。事后经过分析得知，事故原因是由于服务舱上两个恒温器开关不合格造成的。

由一系列的航天事故可以看出，航天器零部件质量对于航天活动多么重要。但是，任何科学探索活动都会付出代价，特别像航天活动，由于涉及到许多高新技术，并且需要多领域共同协作，再加上人类科技和认识的局限性，航天事故是不可避免的。那些为人类航天事业献出自己宝贵生命的人，他们的名字将和他们所作出的贡献一样，永远载入人类航天的史册。

人类飞天的巨大成就

太空有不同于地球的物理环境，也有地球上不具备的大量珍贵资源。发展载人航天的目的，在于把人类活动的范围从地面扩展到太空，在太空中做那些只有人参与才能进行的工作，以更好地利用太空资源和环境，比如空间商业化生产、空间组装维修以及月球资源的开发与利用等（图136）。

截至目前，人类共制造出载人飞船、空间站和航天飞机三大类载人航天器。随着航天科技的进一步发展，如火箭单级入轨技术的发展、空天飞机的诞生、大规模国际空间站的建成，来往太空将更容易，在太空中的工作也将更复杂、更地面化。

如今，飞往其他星球如火星、金星的探测器，有些已经抵达这些星体，有些正在飞往这些星球的途中。它们传回的资料，将会进一步丰富人类对于太空的认识，也会使人类在太空的活动领域更广泛、更深入。

从1961年4月12日人类首次进入太空，到2012年5月，全世界共进行了289次载人航天飞行，其中美国164次，苏联/俄罗斯119次，中国3次，累计400多人进入太空，这些人员来自30多个不同国家，其中有56人是女性。最大年龄的航天员77岁，在太空和地面试验中贡献出生命的航天员人数为21人。航天员在轨持续飞行时间最长的纪录为438天。

约翰·格伦（图137）是美国人实现太空之梦的英雄。1962年2月20日，约翰·格伦乘坐水星6号飞船环绕地球3圈，成为第一位进入太空的美国人。1998年10月29日，已77岁高龄的约翰·格伦，又乘坐发现号航天飞机重返太空，从而成为进入太空年龄最大的航天员。

到2012年5月，苏联/俄罗斯、美国和欧洲先后研制和发射入轨的载人航天器共计21个型号，其中有8个是卫星式载人飞船，它们是苏联/俄罗斯的东方号、上升号、联盟号、联盟T、联盟TM、联盟TMA和美国的水星号、双子星座号（图138）；1个登月式载人飞船，即美国的阿波罗号；6个空间实验室，它们是苏联/俄罗斯的礼炮1、2、3、4、5号，还有美国的“空间实验室”（图139）。4个载

133

134

135

136

137

138

139

人空间站，它们是苏联/俄罗斯的礼炮6、7号、和平号和16个国家参加研制的“国际空间站”；1个航天飞机系列型号，即美国的空间运输系统（航天飞机）；1个航天飞机机载空间实验室，即欧洲的“空间实验室”。

国际空间站：亮丽的“天上街市”

国际空间站(图140)是由俄罗斯、美国、加拿大、日本、巴西和欧洲空间局11个成员国共16个国家合作建造的太空之家。这是一项规模宏大的跨世纪载人航天工程。从1998年11月到2011年5月，经过13年的建设，国际空间站建成，太空呈现出一幅“天上街市”的亮丽风景。

1998年11月20日，俄罗斯首先用质子K号运载火箭把国际空间站的第一个组件曙光号多功能货舱送上太空轨道，掀开了建造国际空间站的序幕。半个月后，12月4日美国奋进号航天飞机升空(图141，142)，把国际空间站的第二个组件团结号节点舱带上太空，并与曙光号舱成功对接。2000年7月12日，俄罗斯又把国际空间站的第三个组件星辰号服务舱送上太空，7月26日与先期入轨的曙光号舱和团结号舱对接，组成轨道联合体。这个三合一的轨道联合体构成了国际空间站的雏形。在这两年间，美国航天飞机和俄罗斯进步号货运飞船先后运送了足够的必备设备和生活用品，创造了能住人的工作和生活环境。

141

142

140

小资料：

国际空间站

世界上参与国家最多、建造周期最长、技术水平最高、应用范围最广的“太空大厦”或“天上街市”。它的总质量达426吨，跨度108.5米×88.4米，内部容积相当于一架波音747飞机的客舱。它包括13名航天员居住、科学实验和保障对接的舱体，7段用于搭配的桁架结构，4副巨型太阳能电池阵，1个移动服务系统和几台舱外仪器设备。这座庞大的太空建筑，形成了人类飞天的一座丰碑。

俄罗斯一共发射27艘联盟TM型和联盟TMA型飞船，载80人次航天员，美国航天飞机发射37次，载243人次航天员，往来国际空间站参加建站和太空实验工作。他们进行了160多次太空行走，把“天上街市”装扮起来，成为接待航天员居住的“太空之家”。这些载人飞船和航天飞机还担负了向国际空间站运送部件设备和生活用品的任务。此外，还有俄罗斯进步M型飞船每年2~4次为国际空间站送去维修设备和补给物品，保证航天员能够在站上长期驻留生活。

从2000年11月第一个长期考察组3名航天员进驻国际空间站，到2011年12月第30个长期考察组3名航天员值守国际空间站，11年内就一直保持一天24小时、一年365天都有人在站上工作，共有76名航天员到太空之家长期生活，最短的129天，最长的215天。另有300多人次航天员到国际空间站上进行安装维修和短期实验活动，甚至已有6人7次作为太空游客到站上观光旅游。13年间，国际空间站共完成600多项空间科学实验，取得了许多重要成果。2012年6月，第30长期考察组的俄罗斯航天员科诺年科、美国航天员佩蒂特和荷兰航天员凯珀斯已在国际空间站上居留半年，国际空间站继续保持着载人飞行的状态。预计国际空间站要载人飞行到2020年。到那时，中国的空间站将加入到长期载人飞天的大家庭。

天宫开启，太空安家，天地之间，人来人往，这将是一幅天上人间多么繁华和谐的生活图景啊！

图书在版编目(CIP)数据

飞天的故事/刘登锐，田如森编著．--3版．--北京：中国宇航出版社，2012.6

ISBN 978-7-5159-0216-6

Ⅰ.①飞… Ⅱ.①刘… ②田… Ⅲ.①航天—技术史—世界—少年读物 Ⅳ.①V4-091

中国版本图书馆CIP数据核字(2012)第103262号

策划编辑　邓宁丰　张铁钧　　责任校对　王　妍
责任编辑　田方卿　范占英　　装帧设计　文道思

出版发行　中国宇航出版社

社　址　北京市阜成路8号　邮　编　100830
(010)68768548

网　址　www.caphbook.com

经　销　新华书店

发行部　(010)68371900　(010)88530478(传真)
(010)68768541　(010)68767294(传真)

零售店　读者服务部　北京宇航文苑
(010)68371105　(010)62529336

承　印　北京画中画印刷有限公司

版　次　2012年6月第3版
2012年6月第1次印刷

规　格　889×1194

开　本　1/16

印　张　3.5

字　数　47千字

书　号　ISBN 978-7-5159-0216-6

定　价　15.00元